JN233943

ごみから考えよう都市環境

川口 和英 著

技報堂出版

はじめに

　近年，ごみを取り巻く環境は大きく変化している。ごみは，人間が生きている限り発生し続けるものであり，永遠のテーマでもある。同時に「地球環境問題への対応」，「循環型社会の形成」，「持続可能な社会」を実現していくうえでも重要な鍵をにぎっている。

　地球環境を考えるうえでごみ問題を切り口に考えると，実はいろいろなことがみえてくる。ごみが環境問題に対して占める位置は，これからも大きなものであり続ける。また，ごみをいかに有効に資源化していくか，どう安全に処理していくかということは，都市環境の面でも大きな課題である。

　こうした様々な課題を解決していくためには，国，地方公共団体，事業者，地域の住民など社会のあらゆる人や組織がそれぞれの役割を効率的に発揮していくことが重要である。さらに環境への負荷の少ない社会を構築していくためには，既存の社会や経済システムを変革したり，環境に対する配慮を考えていく視点も必要である。

　そこで，本書は，ごみ問題をなるべくわかりやすく解説して，ごみと都市環境の関係，その将来への展望を考えることを目的としている。普段，自分たちが出すごみがどう処理され，最後はどのようになっているのか，多くの人がその実態を詳細に知ることはあまりない。また，なんとなく気にはなるが，深く追求しない人が大多数であり，もう少しごみの行方や都市との関係を正面からとらえて考えてみる機会をつくろうということで，本書を企画した。

　環境に関する本はたくさんありすぎて，どれを読んだらいいかわからないという声をよく聞く。確かに図書館や本屋でも環境のコーナーは大きく，ずらりとたくさんの本が並んでいる。環境問題はとても範囲が広いので，全体像をとらえる

まえがき

のがたいへんだ．そのような場合は，テーマを少し絞ってしまった方がかえって後から全体像を眺めるのには都合が良いときもある．

　本書ではごみ問題をなるべくわかりやすく，初心者でも容易にとらえることができるように心がけて記述した．いたずらに環境問題に対して悲観的になるのではなく，ごみ問題を通じて新しい技術革新やイノベーションのあり方を前向きに考えていくことも重要であると考え，ごみを取り巻くビジネスに関しても言及した．また，内容もなるべく平易な文章で書くことを心がけた．最新技術についても，あまりに専門的になりすぎるのを避けた．読者にとっても難解な言葉が羅列されれば，読みづらいことであろう．

　本書は，都市の中のごみというテーマの入門書として記述しており，ごみの歴史，都市との関係，ビジネス，今後の問題といった問題についても解説していくことを念頭に置いた．多くの方に読んでいただければ幸いである．なお，本書中の誤解や間違いなどは，一切筆者の責任であることをお断りしておく．最後になったが，本書の出版にあたりご尽力いただいた技報堂出版(株)編集部長小巻慎氏に深く感謝の意を表したい．また，原稿全般にわたりていねいに推敲してくださった編集部の飯田三恵子さんには特にお礼を申し上げたい．

2003年9月

川口　和英

目　次

1　ごみ問題の基礎　1

- 1.1　ごみの歴史・文明　2
- 1.2　ごみが都市を滅ぼす？　4
- 1.3　ごみ問題の入門　14
- 1.4　ごみを分別収集する　16
- 1.5　ごみはどのように処理されるのか　18
- 1.6　廃棄物の種類　20
- 1.7　ごみの発生量　23
- 1.8　一般廃棄物の排出量の動向　26
- 1.9　産業廃棄物の排出量の動向　27
- 1.10　首都圏の一般廃棄物の広域移動の状況　30
- 1.11　リサイクルルートを探る　33
- 1.12　素材別のリサイクルの現状　34

2　社会基盤としてのごみ問題　41

- 2.1　インフラストラクチャーとしてのごみシステム　42
- 2.2　ごみ焼却処理施設（可燃ごみの処理の手順）　42
- 2.3　粗大ごみ処理施設（不燃・粗大ごみ処理施設）　45
- 2.4　し尿処理施設　47
- 2.5　リサイクルセンター（リサイクルプラザ）　51
- 2.6　最終処分場　53
- 2.7　安全性の確保　58
- 2.8　不法投棄の問題　60
- 2.9　広域移動の問題　63

3　ごみをめぐる経済メカニズム　67

- 3.1　ごみとビジネスの関係　68
- 3.2　外部不経済はどのように把握するのか　71
- 3.3　「エントロピーの法則」への挑戦　79

目次

- 3.4 規制緩和が生む民間のビジネスチャンス　81
- 3.5 環境ビジネスの市場予測　84
- 3.6 エコロジーとビジネス　87
- 3.7 ごみをめぐるビジネス戦略　89
- 3.8 ごみの経済的対策　91
- 3.9 今後成長が期待できる環境ビジネス　94
- 3.10 環境ビジネスの振興　96

4 環境共生型のごみ技術　101

- 4.1 ごみを取り巻く技術　102
- 4.2 企業分野ごとの環境問題に対する取組み　103
- 4.3 ごみ関連ビジネスの分類　106
- 4.4 企業の技術的方向性　125

5 環境を取り巻く流れ　135

- 5.1 環境問題への関心の高まり　136
- 5.2 環境を取り巻く諸問題　137
- 5.3 環境をめぐるグローバルな動き　118
- 5.4 環境基本計画　141
- 5.5 ゼロ・エミッション計画　141
- 5.6 ISOへの対応　142
- 5.7 廃棄物処理・リサイクルに係る制度の枠組み　143
- 5.8 環境をめぐるその他の動き　152

6 都市開発面でのアプローチ　159

- 6.1 自然と人間の技術との共存　160
- 6.2 環境破壊からの社会資本へのアプローチ　161
- 6.3 社会資本としてのごみ施設　162
- 6.4 都市構造の変革　163

7 PFIとごみ処理施設整備　175

- 7.1 新しいシステム「PFI」とは　176
- 7.2 PFIとプロジェクトファイナンス　177
- 7.3 日本におけるPFIの動き　178
- 7.4 日本のごみ事業におけるPFI事業の展開　180

8 今後のごみ問題の方向性　*185*

　8.1　直線型からリサイクル型へ　*186*
　8.2　選別技術など効果的な処理方法の確立　*186*
　8.3　環境教育の必要性　*187*
　8.4　ごみのエネルギー源としての活用　*187*
　8.5　消費者側からの意識改革　*188*

索　引　*191*

1

ごみ問題の基礎

- 1.1 ごみの歴史・文明
- 1.2 ごみが都市を滅ぼす？
- 1.3 ごみ問題の入門
- 1.4 ごみを分別収集する
- 1.5 ごみはどのように処理されるのか
- 1.6 廃棄物の種類
- 1.7 ごみの発生量
- 1.8 一般廃棄物の排出量の動向
- 1.9 産業廃棄物の排出量の動向
- 1.10 首都圏の一般廃棄物の広域移動の状況
- 1.11 リサイクルルートを探る
- 1.12 素材別のリサイクルの現状

豊かな消費生活はごみ問題を常にはらんでいる（金沢市近江町市場）

1.1 ごみの歴史・文明

(1) ごみの歴史は人類の誕生とともに始まった！

　ごみ問題の歴史は，人類が生まれてからさほど時間の経たない頃，間もなく始まった。人間の存在とごみの発生は，ほぼワンセットである。つまり，ごみの歴史は，かなり大昔にまでさかのぼることになる。先史時代，狩猟生活を送っていた人類が生きていくために必要な食物を摂り，その残り滓として，ごみを発生させていた。こうしたごみは，微生物などが自然に分解できる範囲内であったので，環境の破壊に直接つながるほどの大きな問題ではなかった。

　やがて，人類が集住して農耕生活を送るようになり，さらに町が発達して都市に人が押し寄せるようになってきてから，ごみは自然の自浄能力をはるかに超える量で発生し，ごみが社会の中で問題となるようになってきた。その意味で都市の発生とごみ問題は，密接に関係がある。また，文明生活とごみは切っても切れない間柄にあり，人類の集団生活が始まった時点で，ごみ問題は歴史的に発生してきたといってもよいだろう。

(2) ごみは文明の発達の中で変化

　一方，人類の歴史は，科学技術の発展の歴史でもある。実際に，人間は，様々な時代で科学技術の発達の恩恵にあずかり，生活を変化させて，より便利で快適な生活をめざして文明を構築してきたわけである。新石器時代，鉄器時代，農業革命，産業革命，情報通信革命と時代の変遷の中で科学技術の発達は，人類に多くの利益をもたらしてきた。この過程で，便利な消費生活を手に入れてきた人間は，生産したものを消費し，消費し終わったものをごみとして排出し続けてきたのである。そして，その時代に応じて排出するごみもより巨大化，複雑化し，自然の力では手に負えないほどの問題を生じるようになってきたわけである。現在は，地球環境レベルとしてのごみ問題が論じられているが，やがて宇宙開発の時代を本格的に迎えたときに，宇宙に対してのごみ問題もいずれ抱えることだろう。

(3) 科学技術の発展と環境問題の発生

　ヨーロッパで始まった産業革命は，科学技術によって私たちの生活を便利で快適なものへと変化させた。19世紀には蒸気機関などの動力から20世紀の石油化

学技術，原子力発電，モータリーゼーションなど，科学文明は人類に物質的豊かさをもたらし，多くの光を与えてきたようにもみえる。しかし，すべてが光とは限らず，その一方で同時に闇の部分も発生させてきたといえるだろう。科学文明を支える技術の発展の裏で，様々な環境問題が生まれてきたが，我々が考えようとしているごみ問題もその一つである。

なお，生物である人間にとっては，生きていくためにまず食料を手に入れることが重要な問題である。そこにも技術が存在するが，初めは狩猟・採取という方法であったものが，やがて飼育・栽培という技術を編み出してきた。これによって食料の供給量は大きくなり，養うことのできる人口も増大してきたわけである。

こうした農業技術において，環境を配慮する必要性が認知されたのは，古代文明社会が発明した灌漑技術による塩害などである。ちなみに古代メソポタミアの都市は，麦の生産によって栄えたが，一定期間ごとに都市を人々が転々と捨て去らざるをえなかったのは，川筋の変化とともに，耕地に発生した塩害に原因があるともいわれている。

こうした技術のもたらした環境破壊の教訓は，現在の化学肥料や農薬に大きく依存する農業技術への警鐘でもあるだろう。土壌の劣化や土壌流出，あるいは農薬汚染など農業をめぐる環境問題が人工的な化学肥料や農薬によって生じているからである。

また，古代ローマ帝国の時代には，地中海に面する北アフリカの農作物がローマで大量に消費され，一方的な有機物の流れが肥沃であった北アフリカの大地の養分を吸い上げ，やせ細らせたともいわれている。かつてのし尿による養分補給は，その後軽量で持ち運びが便利な化学肥料の登場で廃れることになるが，長年の一方的な養分の流れは，土地を痩せさせ，長らくこのエリアの貧困を招く結果となった。こうした教訓は，農業では土壌の生物などの働きをもっと活用して，生物の生態系の機能も含めた循環機能の必要性を教えてくれる。

このように現在の科学技術のもたらす環境問題を再検討してみると，自然の持つ「循環」の仕組みを十分考慮した技術が今後求められるということになろう。一方的な資源の流れを循環型に変えることが自然環境を回復し，保全するためには欠かせない技術であることを人類はようやく最近になって知ることになったのである。

1.2 ごみが都市を滅ぼす？

(1) ごみのために遷都をした!?
■平城京での環境破壊

　人類は，ありのままの自然を素直に自分の環境として受け入れる他の生物と異なり，その歴史が始まって以来，周囲にある自然を自分にとって望ましい環境に都合良くつくり変えてきた。その過程の中で，人が高度に集まって住む都市が発達してきたが，人間の排出するごみがあまりにも大量に発生すると，やがて都市の衰退を招く事態も生じる。古今東西，歴史的な大都市は，いずれもごみの問題を抱えている。そしてその都市の中には，自らが生み出すごみによって衰退する運命を持ったものもあった。

　日本では，平城京の時代にはごみを含めた環境問題のために都を変わらざるをえない事態に陥っていたという歴史がある。つまり，「ごみが都市を滅ぼす」ということが本当にあったわけである。7世紀の日本では，歴代天皇の即位のつど，また何か問題があるごとに頻繁に遷都が行われていたが，そのたびに新宮が造営されている。歴史上のこうした出来事は，古墳時代あたりから記録で確認することできる。

　601年　斑鳩宮（いかるが）　聖徳太子
　630年　岡本宮　舒明天皇（じょめい）
　636年　田中宮　舒明天皇
　640年　厩坂宮（うまやさか）(4月)舒明天皇
　640年　百済宮（くだら）(10月)舒明天皇
　642年　小墾田宮（おわりだ）　皇極天皇（こうぎょく）
　645年　難波長柄豊碕宮（なにわのながらのとよさきのみや）　孝徳天皇（こうとく）
　656年　岡本宮（両槻宮（ふたつき）・吉野宮も造営）斉明天皇（さいめい）
　667年　近江宮　天智天皇
　672年　飛鳥浄御原宮（あすかきよみはら）　天武天皇
　694年　藤原宮　持統天皇（じとう）
　710年　平城宮　元明天皇

　上にみるように，平城宮までに過去何度も遷都が行われた歴史があり，平安遷

都までも，紫香楽宮，難波宮，甲賀宮，長岡京と新宮の造営が行われた。この当時の建築物は，ほとんどが木材で構築されていた。したがって，通常は遷都をすると，内裏や大極殿などの大きな建物の建替えが必要となるので，大量の木材が消費されることになる。新宮造営には，建物だけでなく宮の周囲の数kmに及ぶ築地にも木材が使われた。遷都のたびに檜や杉などの大量の木材が使われ，初めのうちは都の奈良付近で調達できたが，たび重なる遷都で付近の木材を切りつくして，やがて遠く近江の木材まで使うようになっている。こうした木材は，琵琶湖の近くの山から切り出し，木津川，泉川を筏で運び，陸揚げして，牛馬を使って奈良山を越えて運び込まれていた。

　たび重なる木材の切出しで，樹木は伐採しつくされて，山頂は表土が露出し，雨で表土が流され，森林の復活には長い年月がかかっている。バランスを越えた伐採により，現在でも山林が十分回復していないエリアもある。藤原京は，10年あまりで平城京に遷都されたが，たび重なる伐採で木材不足となり，藤原宮で解体した建物の木材は，川を使って運搬して平城宮で再利用したという記録も残っている。

■平城京ではごみ問題が深刻だった

　平城宮は，平城京の中央北端部にあり，東西1.3 km，南北1 km，約120 haであった。周囲は築地大垣で囲われていて，内裏だけでなく政治や儀式の中心施設が存在した。平城宮の南の門は，朱雀門といった（朱雀門は1998年に復元されている）。この朱雀門があった朱雀大路は，平城京の南北のメインストリートであり，門の付近の道幅は70 mで，側溝を入れると100 mとなり，南端の羅城門まで約3.7 kmに及ぶ規模のものであった。なお，当時の人口は10万人前後と推定されており，その時代としては一大都市である。

　実は平城京遷都の理由として，し尿処理の問題やごみの問題があるといわれている。例えば，平城宮の前の藤原京の大極殿には大きな便所があり，その便所から悪臭が京の内外に立ち込めているので取り締まるようという詔が出された記録がある。この悪臭対策がうまくいかず，やむをえず引っ越しをしたという説もある。当時のし尿処理の事情は，発掘から学術的にいろいろと解明されている。平城京の朱雀大路の側溝は，広い所で6 m近くあり，水路としても利用されたが，その他の多くの側溝の流れは，貴族の邸内に引き込まれて便所からの排泄物を再び外の溝に流すようになっていた。

遺構では，長さ8.5 m，幅3 mや長さ40 m，幅3 mという大きな公衆水洗便所跡もみつかっている。ただ，当時は浄化槽などもなく，自然の浄化力に任せていた。また，たび重なる取締りにもかかわらず，水路にごみを捨てる者も多数いて衛生的にも問題があった。側溝は，秋篠川，佐保川が水源になっていたが，ともに大河ではないため水量が少なく，自然浄化力を超えた汚染物質が流されて，ごみ問題，悪臭問題が発生していた。

■平城京にはすでに産業廃棄物もあった

また，平城京のできる少し前の683（天武12）年には，銀地金の流通を止めて銅銭に一本化することが朝廷から通達されている。この銅銭の工房（富本銭）は，飛鳥池遺跡から発掘により発見されている。この工房は，200基ほどの炉，谷には廃棄された炭などの産業廃棄物が積もっており，排水溝や排水の沈殿池などもみつかっている。平城京でも，長屋王邸跡付近で120 mに及ぶごみ捨て場が発見され，3万8000点の木簡が掘り出されていて様々な記録が残されている。

しかし，飛鳥池遺跡の産業廃棄物処理は，すべて谷の北にあり，南は清浄になっていた。当時はまだ土地に余裕があったから住み分けが可能であった。このように，日本の都市の環境問題は早くも奈良時代から起こり，人々がいろいろと頭を抱える事態がすでに発生していたと考えられる。

(2) 江戸時代のごみ処理

■江戸のごみ処理の歴史

時代は一気に下って江戸時代である。日本においてごみに関するシステマティックな取扱いや仕組みが明らかになっているのは，この江戸時代の頃からである。しかし，なぜ江戸時代になるとごみ問題が大きくクローズアップされるようになってきたのであろうか。それは戦国時代が本格的に終わって世の中が平和になることで，幕府のお膝元である江戸の人口が急増したことに原因がある。つまり，人口の都市への集中に対して，ごみ処理のキャパシティが追いつかなくなってしまったということである。江戸時代における江戸の町は，当時の急激な人口増加と集中によってごみ処理が大きな問題となるはずだったが，やがて独自のごみ処理システムを構築することで，環境問題を解決していったといわれている。

ここでは江戸時代におけるごみ処理システムの形からみてみよう。実は，江戸時代の日本は，環境・リサイクルという面で江戸が世界有数の大都市に成長する

頃，ごみ処理システムも一応の形ができあがっていたと考えられている。江戸の町々は，芥取り業者と話し合うことによって芥銭を払うなど，ごみをめぐる経済的なシステムも構築されていた。ここでいう芥は，芥川賞の「芥」である。つまり芥川とは，ごみの川という意味である。

■江戸にはプロの清掃事業者がいた！

　江戸時代に塵芥改役といわれたごみ専門の役人が存在したということは，特記しておくべきことだろう。

　三代将軍家光の頃には，「会所地」といわれる空き地を町ごとに設置し，ごみ廃棄場所として使用していたが，悪臭や蚊，蠅などに周辺住民が悩まされていた。その後，会所地にごみを投棄することが禁じられ，1655(明暦元)年に現代の江東区の永代浦にごみ投棄場を指定している。不法投棄により犬，猫，馬の死骸なども堀や川，会所地に投棄され，環境が著しく悪化したことが理由として考えられている。

　1662(寛文2)年になると，幕府は，幕府公認の業者請負システムを江戸の町々に適用することにした。当時，業者は，幕府が指定する江戸湾の埋立地にごみを運搬することになっていた。このとき，各町が手船でごみを運ぶのを禁止している。塵芥の運搬は，基本的に川や堀を使って船で行われており，一般の人々は，船が着く所まで塵芥を運んだ。武家屋敷の場合は，自家の手船で運ぶことが認められていたが，それ以外の場合の雇船によるときは，芥船請負業者の了解を必要とした。

■江戸幕府によるごみ処理行政

　一方，幕府は，川や空き地などへのごみ投棄を防止するとともに，処理業者を幕府公認の独占権を持つ業者に限定した。その理由の一つには，それまで多発していた業者による不法投棄をなくすことがあった。1696(元禄9)年に幕府は，日本最初の清掃のプロフェッショナルとでもいうべき「芥改役」を設けている。帯刀を許された専門職の彼らの任務は，役船に乗って，川々に塵芥がみだりに捨てられたり芥船が川に塵芥を捨てることのないよう取り締まることであった。

　川筋へのごみ投棄が問題になっていたのは，江戸以上に川・堀が発達し，天下の台所として諸物資の出入りが激しかった大坂でも同様であり，大坂町奉行は，頻繁に「川筋掟之事」と称する触れを出していた。

　やがて，五代将軍綱吉の元禄の頃には，江戸の人口は100万人を突破し，ごみ

投棄場所もさらに大きな面積を必要することとなった。現在の江東区，永代町，である永代島新田や東砂町の砂村新田などは，当時ごみ捨て場として指定されたエリアである。

■大江戸はリサイクル都市

江戸時代，江戸の日本橋通りから北の地域は毎月2の日，南の地域は毎月3の日がごみの収集日であった。こうして江戸時代においては，ごみの発生・排出者と収集・処理者と分けられ，ごみ処理事業は専門化し，プロフェッショナルとなるとともに，一種の営利的事業として確立されるに至っていた。集められたごみの中で肥料芥，金物芥，燃料芥として再利用できるものは，途中で選別されて農家，鍛冶屋，および湯屋(風呂屋)に売却されていた。

また，江戸の人々は，壊れた道具は修理して使用したり，破れた着物や傘もつぎはぎして使用するなど，簡単に捨てることなく大事に使用して物を大切にしていた。普段の生活で使用していたものをなるべくごみにしないことで，ごみ問題をクリアして循環型社会「ごみのない町・江戸」をつくり上げていたと考えられている。ある意味で，**ゼロ・エミッション**の世界が当時の江戸の町では達成されていたことになる。また，し尿については，貴重な肥料として農村部に対して売り買いが行われていた。

こうしてリサイクル都市の江戸は，人口100万人を超す当時世界有数の大都市でありながら，あらゆる物が再使用(リユース)，再利用(リサイクル)され，水鳥と人々が共存する外国人が驚くほどの清潔な街であったといわれる。

(3) 明治時代のごみ処理

■警察によるごみ取締り

江戸の循環型社会を支えたのはリサイクル，リユースであった。これが廃棄物の抑制につながったとも考えられる。もちろん，当時生産されたものも素朴な自然素材に近いものであり，それほど複雑な工業製品が生産，消費されていたわけでもない。また，背景には鎖国と幕藩体制で資源がきわめて限られていたことがあるが，ごみをめぐる状況は，明治維新以降ヨーロッパから1世紀遅れて始まった産業革命，工業化社会を迎える中で一変する。

明治期当初では，江戸のごみ処理の仕組みは，ほぼそのままの形で新しく生まれた首都である東京市に引き継がれていた。江戸時代の芥改役に代わって汚物処

理を取り締まるとともに，業者に営業の許可を与えたりするのは，警察の仕事となった。当時，警視庁や東京市は，掃除励行の布令を出すなど公衆道徳の励行や取締りの強化を図ったりしていた。

一方，業者は，各戸との契約によってし尿や塵芥の処理を請け負っていた。し尿と同様にごみの資源的価値も高かったことから，業者は各戸のごみを一定の場所に集め，そこで燃料，肥料，金物などを回収し，残りの捨芥だけを処分地に運んでいた。しかし，この捨芥を業者が川や溝，空地に不法投棄したり，住民においてもごみ捨てをする者が後を絶たなかった。

■汚物掃除法の制定

明治30年代に入って，ようやく政府は，このような業者請負中心の汚物掃除，汚物処理への対応に腰を上げ始めた。それまで，行政は処分地の整備のような，コストをかけて清掃事業の物的環境を良好なものにしようとすることに消極的であった。しかし，コレラやペストなど伝染病に対して根本的な対策を講じることが近代国家として必要に迫られるようになってきた。やがて行政の責任として，ごみ処理システムを確立することが必要となり，こうした背景の中で制定されたのが1900（明治33）年の**汚物掃除法**である。

この法律では，清掃事業に対する公的機関の責任が初めて法に基づいて規定されることとなった。また，この法律によって，公的機関の職員により清掃事業を行う，公による直営の原則が打ち立てられた。ただし直営原則の一方で，実際の作業を他の民間業者に行わせるアウトソーシングは禁じてはいない。実際に東京市では市の規則を定め，市の汚物掃除の仕事は，競争指名入札を通じて業者に委託される仕組みが採用されていた。

■東京市直営の清掃事業

その後，東京では，人口の急増や産業経済の伸長に伴い塵芥処理量も増加して，業者請負型の体制では事態への対応が困難となった。そして1911（明治44）年に塵芥の収集・運搬を順次市の直営に切り換える方針が決定されている。この理由としては，業者との請負契約をめぐって汚職が発生したり入札価格を低く抑えすぎたりしたことから，落札業者が市の規則どおりの収集・処理ができないなどの問題，不法投棄などが頻繁にみられたことなどが挙げられる。

東京15の区全域で直営収集となり，最後1918（大正7）年に日本橋区で直営作業が完了した。1日に行うごみ収集の回数の面で請負業者よりも直営の方が多く

なり，やがて東京での直営ごみ収集率100％が実現する。

当時の東京市における塵芥処理の流れとしては，各戸のごみ容器から人夫の箱車，汚物取扱い場に集められ，そこで約3種類に分類された後，厨芥は船積みされ，肥料芥として千葉方面に移送されていた。一方，厨芥以外のごみも，燃えるものは江戸時代同様に湯屋で燃料として使用された。その他の廃物も従業員によって選別回収された。

また，汚物掃除法施行規制では，明治時代にすでに焼却による処理が奨励されていた。塵芥取扱い場で抜き取られる有価物は全体の70％を占め，残りの文字どおりごみだけが焼却処分されていた。もちろんプラスチックやビニールなどを焼却することによるダイオキシンの発生が危惧されるといったことのない時代の話である。

(4) ごみ問題を放置すると文明が滅ぶ

日本における都市とごみの問題をみてきたが，世界の中ではごみと同居する人々の貧困の問題がある。ここでは開発途上国の深刻なごみ問題を象徴している事例について触れておこう。

■スモーキーマウンテン（1995年閉鎖）

フィリピンの貧困の象徴となる光景としてよく紹介されてきたのがマニラ郊外のスモーキーマウンテンと呼ばれた場所である。現代社会の中で，富と貧困の構図としてマニラの市街地と対比されてきた。現在，このスモーキーマウンテンは，政府によって撤去されている（1995年）。

マルコス政権下，職のない人々や家族がマニラの北部にあるごみ捨て場に集まり始め巨大なスラム街になったのが，このスモーキーマウンテンの始まりである。アキノ政権の時代には，周囲にアパートが建て始められたものの，そこに入るお金もなく，多くの人々が引き続きバラックに住んでいた。

マニラ市の西の巨大なごみ捨て場であったスモーキーマウンテンは，1995年11月，ラモス大統領のときにフィリピン政府によって「貧困の象徴」との理由で強制撤去されるまでの約45年以上の間，アジア最大のスラムともいわれてきた。

スモーキーマウンテンという名前の由来は，マニラ都市圏から運ばれるごみが山のように堆積したものが，いつしか海抜40 mものごみの山となり，絶え間なく中から発生するガスで炎や煙が出ているため，そう呼ばれるようになったもの

である。そのごみの上には，約3万人の貧しい人々がベニヤ板やトタンなどで小屋をつくり住んでいた。生活環境は劣悪ですさまじい悪臭が鼻をつき，メタンガスや煙が充満する状況であった。こうした環境の中で極度の栄養失調やコレラ，肺炎，皮膚病など住民の健康状態は最悪であり，子供たちの死亡率もかなり高いものであったという報告がある。

　あまりにもフィリピンの貧困の象徴としてとらえる報道が世界中に流され続けたために，1995年に強制的に廃止され，そこで暮らしていた人たちを近くの環境の良い仮設住宅に住まわせたが，この仮設住宅に住まわせられたうちの数百家族がパヤタス(後述)に移った。

■ごみとスラム

　当時のスモーキーマウンテンに続く道路は，メトロマニラ(マニラを中心とした市街地ゾーン)で消費された大量のごみを載せたトラックの列で埋めつくされ，ごみが無差別に捨てられていき，至る所でガスが発生する現象を引き起こしていた。スモーキーマウンテンでは，フィリピン独特の蒸し暑さと，すさまじい臭気の中にカラスや海鳥が集まり，文明社会の破綻を暗示するような異様な光景がつくり出されていた。しかし，そのごみの山の中でたくさんの子供や老人がごみを集めて生活を営んできた。トラックによって新しいごみが捨てられにくると，そこは一瞬のうちに人々が群がることになった。

　スモーキーマウンテンは撤去されたが，メトロマニラの拡大とともにごみ捨て場は徐々に他のエリアへと拡大している。以前ごみ捨て場であった場所にはすでに人々が住んでおり，この巨大なスラムが一定の秩序で増大している。こうしたエリアには，地方の農村，漁村からさらに人々が集まってきている。

■パヤタス(第二のスモーキーマウンテン)

　その後，今までスモーキーマウンテンに捨てられていたごみは，ケソン市のパヤタスごみ捨て場に捨てられ始めた。ごみを生活の糧にしていた人々の一部は，パヤタスごみ捨て場へと移り住むことになった。そして，現在パヤタスごみ捨て場は，第二のスモーキーマウンテンと呼ばれている。

　スカベンジャー(廃品拾いをして生計を立てている人)という人が存在し，都市で仕事を得ることができない人がコミュニティをつくり助け合って暮らしている。ここに住む人々は，ごみ捨て場の中のバラックに住み，マニラ市街地からごみ収集車が来ると，それに群がり，金目のものや，食べられるような残飯を漁り，廃

材から炭を焼いたりして生計を立てている(フィリピンでは大気汚染法によりごみの焼却は禁止されている)。

■2000年7月にパヤタスごみ捨て場で崩落事故

　フィリピンは失業率が高く，マニラ首都圏でも多くの人が失業している。仕事に就いている人でも，平均日給は200ペソ(約500円)程度であり，パヤタスごみ捨て場で働く人たちはそれと同額ぐらい稼ぐということである。彼らはびん，缶，鉄，真鍮，スクラップなどの再生可能なものを収拾し，拾ったごみは，ごみ捨て場の近くにあるジャンクショップに売ることで生計を立てる。お金を稼ぐ手段が他になく仕事のない社会状況の中では，この仕事はいったん始めるとなかなかやめられないということである。巨大な都市メトロマニラから出たごみは，腐敗して熱を出し，絶えず煙を出す。マニラが吐き出す，行き場を失った大量のごみは，ケソン市の近くにまた同じような第二のスモーキーマウンテンをつくり出す結果となり，現在そのパヤタスごみ捨て場は，スモーキーバレーとも呼ばれている。

　2000年7月にパヤタスごみ捨て場で起こった崩落事故は，スモーキーバレーの20mぐらいの高さのごみ山が崩れ，ふもとに住んでいた3 500世帯のうち500世帯の人たちが生き埋めになって多数の死傷者を出してしまったという痛ましい事件である。これこそ，ごみによる都市の崩壊を象徴する出来事といえるだろう。

■問題を解決しないスラムの強制撤去

　開発途上国では，都市環境改善の一環として，公有地などを不法占拠しているスクウォッター(不法占拠者)やスラムに住む人々を強制的に排除するという方策がこれまでとられてきた。しかし，追い出された人々は，結局は別の場所に新たなスラムをつくり出すだけで，実質的な都市環境の改善につながっていないのが現状である。近年ではこういった反省を踏まえ，住民が居住権を獲得し，自助努力により生活環境を改善する過程を地方政府が支援するという方策へ転換がなされている。これは，立退きは人々の生活を混乱させ就労機会を奪うものとして避け，都市貧困層の生活要求に応えていく対応をとるという政策である。

■スラムの発生と都市の抱える矛盾

　ここでいう「スラム」とは，生活環境の劣悪な，主として低所得層からなる居住地のことを指す。国や経済状況によって違いはあるものの，一般的には地方から都市へ職や生活の場を求めて流れてきた人々が生き延びていくために肩を寄せ合って暮らしている場所であり，国によっては宗教，人種問題と深い関連性がある。

しかし，同時にスラムは，犯罪や暴力の温床ともみなされてきた。全世界的にも貧困地帯にこうしたスラムが存在している。東南アジアの開発途上国のスラムでは，狭いスペースにたくさんの人々が，水道や排水，便所などの基本的な生活設備もない中で暮らしている。

インドネシアのスラバヤ市郊外のごみ埋立処分場においてもこうした光景がある。しかし，かつて日本にもこのような所があったと想像されるような下町的な雰囲気も漂い，人々は家族で助け合いながら生活している。これは彼らがコミュニティという集団の中で，相互に助け合いながら暮らしていることによるのだろう。こうした，ごみ捨て場に隣接するスラムは，フィリピンやスラバヤのみならず，やっと戦火の治まったカンボジアのプノンペンなどにも存在する。

(5) ごみの文化論

人間による科学技術は，輝かしい発展をもたらした一方で，かつてのスモーキーマウンテンやパヤタスのスモーキーバレーのような負の遺産も生み出してきている。これらは，都市や大量消費社会に対する不吉な暗雲を象徴するものでもある。私たち人間がごみを排出し環境を破壊することによって，全く影響を受けないような生態系は，この地球上には存在しなくなってきている。ある種の生物，栽培植物や家畜動物などを除いて，地球上の多くの生物が人類の科学技術の発展とともに減少してきている。

実際に，私たち個人は，大自然の中でみれば小さな存在であっても，国家単位や産業というレベルでみた場合，人間の活動は，けっして地球環境にとって小さなものではない。この200年間の間に，48億年の歴史を持つ地球の環境を変えてしまうほどの影響力を幸か不幸か持ってきている。

多くの生物種が私たち人間のために絶滅し，また別の多くの生物種が数においても，生息範囲においても，遺伝的多様性においても，非常に減少してきている。生物種の問題だけでなく，動物の群棲や植物の群落などが生態系の単位で激減し，ひどい場合には，絶滅させてしまっている。狩猟し，過剰に殺したために，多くの哺乳動物，狩猟の鳥，その他の動物の数が人間の手によって減少した。また多くの場合は，間接的に，予測できない科学技術の影響が生物を減少させてきた。採掘や溶鉱により排出した酸性汚水や他の汚染物質，また工業の発展とともに生み出された酸性雨が生態系全体に影響し，文字どおり破壊してきたともいえるだ

ろう。

■科学の発展と循環社会の調和

現代の社会で大量の消費や大規模な輸送システムが構築できるようになったのは，科学技術の発展のおかげであるが，同時に環境に対しても影響力を及ぼしてきた。また，科学技術は，熱帯地方と温帯地方の両方で，大規模な森林の乱伐や，サトウキビ，トウモロコシ，大豆のような単種の作物畑を広大に切り開き，耕作，植付け，収穫を促してきた。さらに人間の科学技術は，湿地帯を開拓してきた。特にオゾン層の破壊と地球の温暖化は，今後とも深刻な心配事であり，生物圏の長い歴史においてもこれまでにない衝撃を与える事態を招くと考えられている。

科学技術は実のところ，良い面と悪い面の両刃の剣としての性格を持つ。悪い面は，バランスのとれた生態系や自然に被害を与え，環境を変えてしまうことである。しかし，その一方で，自然の力ではもう浄化することのできなくなったレベルの汚染を分解できるのも科学技術であり，その意味で良い機能も持っている。最終的には，人間も含め，すべての生物が地球上で共存していくためには，科学技術を駆使してでも自然の浄化作用では不足する機能を補っていく必要がある。特に間違いなく私たちがもたらしているごみ問題を解決するために，今，科学技術の良い面を大いに利用し，同時に様々な反省のうえで活用しなければならない。ごみが環境に対して与える影響力を理解し，必要な手を打っていくためには，ごみそのものに対する理解が必要だろう。産業界から出るごみが問題で，私たち個人が出すごみは大したことがないといって済ましているわけにはいかない。一般家庭から出るごみは，確実に環境に負荷を与えている。19世紀，20世紀とこれまで酷使してきた環境をいたわるためには，科学の発展と循環社会の調和を図っていかなくてはいけないだろう。

1.3 ごみ問題の入門

さて，ここまでごみの歴史や，ごみが都市に及ぼす影響について，いくつかみてきた。次に，実際のごみの種類や，ごみのもたらす問題について考えてみよう。ごみにはどのような種類があるのか。ごみはぐちゃぐちゃで，まるで種類なんてないようにみえる。しかし，最近は駅のごみ箱にもみられるように分別収集といって，空き缶や新聞紙，紙ごみ，その他などいくつかに分けて回収するようになってきている。なぜこんなことをするようになってきたのだろう。

(1) ごみは分けて集めれば資源になる

ごみはそのままであれば，いつまでもごみのまま姿を変えることはない。しかし，これをきちんと分類してやると，ごみは資源になる可能性がある。最近では，古くなったコンピューターの基板などは白金や金などの貴金属の含有率が高いので，こうした金属を集める宝の山としてとらえられるようになってきている。

つまり，金の鉱脈や鉱石から直接金を取り出すよりもっと効率的に，しかも高い含有率で貴金属を取り出すことができるというのだ。現代の金の鉱脈は，実は大都会の真ん中にあるというのも考えると少し不思議な話である。

また，こうしたコンピューターの基盤から貴金属を取り出す以外にも，ごみの中から取り出すことのできる資源というのはたくさんあるのである。

ごみは，転じて資源にすることができる，あるいはごみはビジネスにもなりえるというのがこれからの考え方である。

(2) 3Rについて

こうした中，ごみをめぐっていわゆる3R，もしくは3Reという方策が今日いろいろなところでいわれている。それは，次のようなRを頭文字とする3つのキーワードである。

① Reduce(リデュース)：減らす
　ごみになるようなものは買わない。ごみを減らすという姿勢である。
② Reuse(リユース)：再利用する
　ものを繰り返し使う。繰り返し使えるものを購入する。
③ Recycle(リサイクル)：再資源化
　堆肥化・飼料化するなど資源として再び利用する。リサイクル活動への協力を心がける。

これらのキーワード3Rは，ごみをいかにして減らし，再利用し，再資源化していくかという発想に基づいたもので，これからのごみ問題を考えていくうえで重要な視点である。

また，①，②，③のRに加えて④Refuse(リフューズ：断る。不要なものは断り，購入したり，持ち込んだりしない)を加えて4R，4Reと呼ばれることもある。また，⑤Renewal(リニューアル：再生)を入れて5Rと呼ばれることもある。

ごみ問題を整理するうえでわかりやすい切り口である。

(3) 静脈機能としての環境システム

社会の活動を血の流れに例えると，新しい製品をつくり出したり，様々なサービスを展開して，どんどんものを世の中に送り出すのが動脈としての活動である。これに対してごみや廃棄物を取り扱う業界は，送り出した血を集めて，もう一度肺や心臓に戻すという点で静脈に例えられる。人間の体は，動脈の働きと静脈の働きの両方がうまくいかないと調子よく働かない。静脈産業としての環境に関する活動は，1960年代から70年代の公害が大きな関心を呼んだ時期以降と，地球環境問題がクローズアップされてきた90年代まで，あまり重視されてこなかった経緯がある。しかし，これからはこの静脈産業の力が地球を健康にしていくうえで，また経済・生活面でもたいへん重要になってくると多くの人が考えている。

1.4 ごみを分別収集する

(1) ごみの分別収集とは何か

分別収集とは，ごみを種類ごとに分けて集めることである。ごみを捨てる際に可燃ごみ，不燃ごみ，資源ごみ，粗大ごみなどに区別して収集する。ここでいう資源ごみとは，缶，びん，古紙など様々なものがある。

こうした中，堆肥をつくることを目的として生ごみだけを分別したり，固形燃料ごみという名称で紙くず，プラスチックを分別したり，20種類もの分別を行っている自治体もある。現状では，各行政，自治体によって取組み方にも差がある。ちなみに，1995年に成立した**容器包装リサイクル法**(後述)では，市町村は容器包装材のリサイクルのため，分別収集計画を策定することが義務づけられることになった。これまでは，分別収集したものを再生資源の流通業者に有償で引き取ってもらうこともあったが，この法律ができたことによって，容器包

写真1.1 コンビニエンスストアでの分別収集

装材については企業の負担で引き取ることが義務づけられた。ペットボトルなど以前は回収ごみとして引取り手の少なかった資源についてもリサイクルが進むようになり，ペットボトルの回収率は，ここ数年たいへん高くなってきているのである。

(2) ごみという言葉

　さて，ごみの定義について少しふれておこう。この「ごみ」という言葉であるが，廃棄物処理法（廃棄物の処理及び清掃に関する法律）の中で定義されている。その中では，日常生活に伴って家庭から排出される「一般廃棄物（産業廃棄物以外の廃棄物）」としてのごみと，「産業廃棄物」として商店，事務所，工場などから排出されるごみがある。

　また**塵芥**（じんかい）という言葉があるが，昔は「塵」を「ちり」と読んでいた。塵芥箱のことは「ちり箱」と呼ばれてきた。もともと塵という言葉は，古代中国の数字の単位であり，10分の1を分，100分の1を厘と呼んでいた。この辺りの単位は，野球の打率でおなじみである。さらにその下の1 000分の1は毛（もう），以下糸（し），忽（こつ），微（び），繊（せん），紗（しゃ），塵（じん），埃（あい）と続く。つまり塵は，10億分の1（10^{-9}）というとてつもない小さな単位である。また「芥」は，植物の一種の「芥子菜」のことである。聖書の中に出てくるカラシ種は，この芥子菜のことである。筆者も一度現物をみたことがあるが，本当に小さくていったいこれが実際に大きな植物に成長するのだろうかと思うほど小さいものである。「芥子菜の実のようにきわめて小さいもの」という意味が「きわめて小さくて，ものの役に立たないくだらない草」という意味になり，さらに転じて「小さい屑」という意味に使われるようになったといわれる。「塵芥」という言葉は，江戸時代に不法投棄の取締りを目的に1662年につくられた「塵芥掃除請負制度」の中に早くも正式に登場し，その後明治になって汚物掃除法［1900（明治33)年制定］にも登場してくる。この言葉は，1954（昭和29)年4月に制定された「清掃法」で「ごみ」という言葉に代わり，現行の廃棄物処理法に受け継がれている。

　また，当て字で「護美」（ごみ）という言葉があるが，自分たちの住む町を美しく保護していきたいという気持ちを込めたもので，ときどき「護美箱」という表記が街中にあることがある。また，「芥溜箱」（ごみため）と書かれても，かえってわかりにくいものである。なお，ゴミと片仮名表記する場合は，「ごみ」を強調するときに主に使用されているようである。本書の中では「ごみ」で統一しておこう。

1.5 ごみはどのように処理されるのか

(1) 半透明ごみ袋の導入

現在，ごみはどのように処分し，処理されているのか，ここではそのごみの処理のされ方について少し順番に考えてみよう。皆さんの家庭から出るごみがまず思い浮かびやすい。多くの方にとって，ごみの中でも生ごみは，ほっておくと臭気も発生するから毎日でも家から外に出してどこかに持って行ってもらいたいという気持ちが強いだろう。平均気温20℃程度でだいたい4～5時間で生ごみは臭気を発生するといわれている。実際こうして家庭からごみを持って行ってくれる公共のサービスは，たいへんありがたいものである（もちろん，そのためのコストは，我々が納めている税金の中から賄われているのではあるが…）。

現在は，こうした多くの市町村でごみを半透明の専用の袋に入れることが義務づけられている。ごみの中身というのは，その人の生活やプライバシーを多分に表しているから，できれば人様にもみられたくないものである。刑事が容疑者の生活を探ったり，なんらかの証拠をつかもうとするときには，その家から出されるごみを分析したりする。人に自分の生活スタイルがわかってしまうのは嫌なので，少し前までは黒などの色のついているビニール袋が好まれもし，よく使われていた。しかし，この黒いビニール袋では中の物がみえないため，ガラスの破片など鋭い物で，ごみ収集をしたり処理する人がけがをするトラブルが多発していたのである。

多くの自治体において，この半透明のビニール袋が導入されるまでには実は様々な紆余曲折があった。こうして一昔前は全国的に黒色のポリ袋が普通だったごみ袋だが，近年は透明や半透明に変わった。

(2) 全国のほとんどの市町村で半透明ごみ袋の導入

また，家庭ごみの収集で缶・びんなどのリサイクルごみや事業系のごみなどが出されるのを防ぐ理由などもあって，中身のみえる半透明ごみ袋への切り替えを様々な自治体がすでに行っている。

国内の主なごみ袋メーカーで組織する「指定ごみ袋を考える会」の調べによると，特に資源物について，2002(平成14)年8月現在で，全国のほとんどの市町村が透明・半透明袋を指定している。可燃や不燃ごみの扱いでも，半数程度の自治体で

透明・半透明の袋が使用される傾向にある。また、ポリエチレン(PE)くずを再生利用した「雑色半透明ごみ袋」というタイプがある。みた目が少し悪いが環境のことを考えた場合、一つの選択肢でもあるだろう。PE再生原料の色をそのまま使うため、グレーの色が安定せず再生ごみ袋として雑色になるが、「透明度」や「強度」とも問題はないとのことで徐々に各地で使用されるケースも増えてきている。一方、ごみ袋の透明化が浸透したことで予想外の現象も起こっている。これまで、ごみ袋メーカーなどから出る端材や規格外品などのPEくずは、顔料を加えることで汚れの目立たない黒のごみ袋の再生原料に回っていた。しかし、黒いごみ袋が禁止されたことで需要の減少となり、こうした端材の行き先が失われているということである。

さらに最近は、中国など海外から安価なリサイクル品ではないPE原料や製品が流入しており、ごみ袋メーカーにとっては、価格競争と需要減の中でこれらPEくずの余剰分を、コストをかけて処分することが厳しい選択になっている。

(3) 半透明ごみ袋の効果はどれくらいあるのだろうか

これまで中味がみえなくて出す側にとっては抵抗感の少なかった黒いごみ袋であるが、半透明・透明ごみ袋は、どれくらい効果を上げているのだろう。

そもそもこうした半透明ごみ袋は、①資源となるものが家庭ごみに混ざるのを防止する、②有料の事業系ごみを家庭ごみとして出すなど不正なごみの出し方を防ぐ、③収集作業中の事故を防止する、といった効果が期待されていた。すなわち、「中身がはっきりと確認できる半透明のごみ袋」を導入することによって、上記のような問題点は、だいぶ解消しつつあるいうことでもある。

自治体によっては半透明袋を導入した後、前年と比べて、缶・びん、ペットボトルの分別収集量が10.3％、許可業者による事業系ごみの収集量が9.4％、それぞれ伸びているという報告データもある。これは、ごみ袋を半透明袋に変更したことによる効果が現れてきたものとも考えられる。

■事業系ごみ収集や調査などに効果

飲食店などの事業系ごみについては、黒いごみ袋の時代には、ひとつひとつ袋を開けないと、ごみが適正に出されているかどうかが判断できなかった。半透明ごみ袋になり中身がみえるようになったことで、生ごみや割りばしが多いなど事業系ごみの特徴が袋を開けなくてもわかるようになってきたともいわれる。自

治体では透明または半透明化後，大規模な繁華街での事業系ごみの調査を強化して施策に反映させたり，地区内の集積場所を廃止して戸別収集とするなど，事業系ごみの許可業者収集の推進に向けた取組みにもメリットが生じると考えられている。

■日本のごみ箱が変わった

ここ5〜10年の間に日本のごみ箱の姿が変わった。分別収集の徹底でただの箱からごみの種類別に全体的に大きく，またその入口に種類別の表示もされるようになった。駅構内のごみ箱については，1995(平成7)年の地下鉄サリン事件以降が一つの転機になっている。環境問題とは別な理由から起こった凶悪な事件であったが，この事件以降しばらく，約1年間にわたって不審物が捨てられやすいごみ箱が撤去された時期がある。

写真1.2　JRのごみ箱

写真1.3　地下鉄のごみ箱

実行犯が逮捕され，事件からしばらく経った時期から必要性に迫られ，ごみ箱が再度設置されるようになったが，この頃から新規のごみ箱として地球環境に対応した分別収集型のごみ箱がお目見えするようになってきた。その後，容器リサイクル法の影響から，コンビニエンスストアやスーパーのごみ箱の姿が変化してきた。いまや日本のごみ箱は，機能も姿も変えつつある。

1.6　廃棄物の種類

さて，このように家庭や事業所から発生してくるごみであるが，その種類を分類するとしたら，どのように分類したらよいのだろうか。

(1) ごみの分類(一般廃棄物と産業廃棄物の違い)

まず，ごみの種類は大きく分けて，一般廃棄物と産業廃棄物に分かれる。別の言い方をすると，産業廃棄物とそれ以外(それ以外の方が一般廃棄物である)ととらえると少しわかりやすい。

① 一般廃棄物(産業廃棄物以外)

一般廃棄物とは日常生活に伴って排出されるごみや，し尿のことをいう。法律では「産業廃棄物以外の廃棄物」と定義されているので注意しよう。一般廃棄物は，家庭から排出される廃棄物と，産業廃棄物に指定されている19種類を除いた商店，事務所，工場などから排出される廃棄物の2種類に分けられる。前者の家庭から出るごみを**家庭系廃棄物**，後者の事業者から出てくるごみを**事業系一般廃棄物**と呼ぶ。一般廃棄物の処理は，通常，市町村が行っているが，清掃工場での焼却，最終処分場での埋立能力を超えてごみが増加する自治体が増え始めている。また，これらの廃棄物の中で，爆発性，毒性，感染性，その他人の健康や生活環境に被害を生じるおそれがあるものを**特別管理一般廃棄物**として分類し，収集から処分まですべての過程において厳重に管理することが必要とされている。

② 産業廃棄物

産業活動に伴って発生する廃棄物のことをいう。産業廃棄物は，事業活動に伴って生じた廃棄物のうち，法律で定められた19種類のものをいう。

また，これらの廃棄物の中で，爆発性，毒性，感染性，その他人の健康や生活環境に被害を生じるおそれがあるものを**特別管理産業廃棄物**と分類し，収集から処分まですべての過程で厳重に管理することが必要とされている。

(2) 廃棄物の定義

廃棄物処理法でいう**廃棄物**とは，自ら利用したり他人に有償で譲り渡すことができないために不要になったものである。ごみ，粗大ごみ，燃えがら，汚泥，糞尿などの汚物または不要物で，固形状または液状のものをいう。ただし，放射性物質およびこれに汚染されたものは別の法律の対象物となっており，ここからは除かれているので注意してほしい。本書の中でもこれらのものについては扱っていない。

産業廃棄物は，有害物を含めて1996(平成8)年度では年間10万件，4億500万tを超えている。こうした大量の産業廃棄物を，安全に，かつ適切に処理処分す

第1章　ごみ問題の基礎

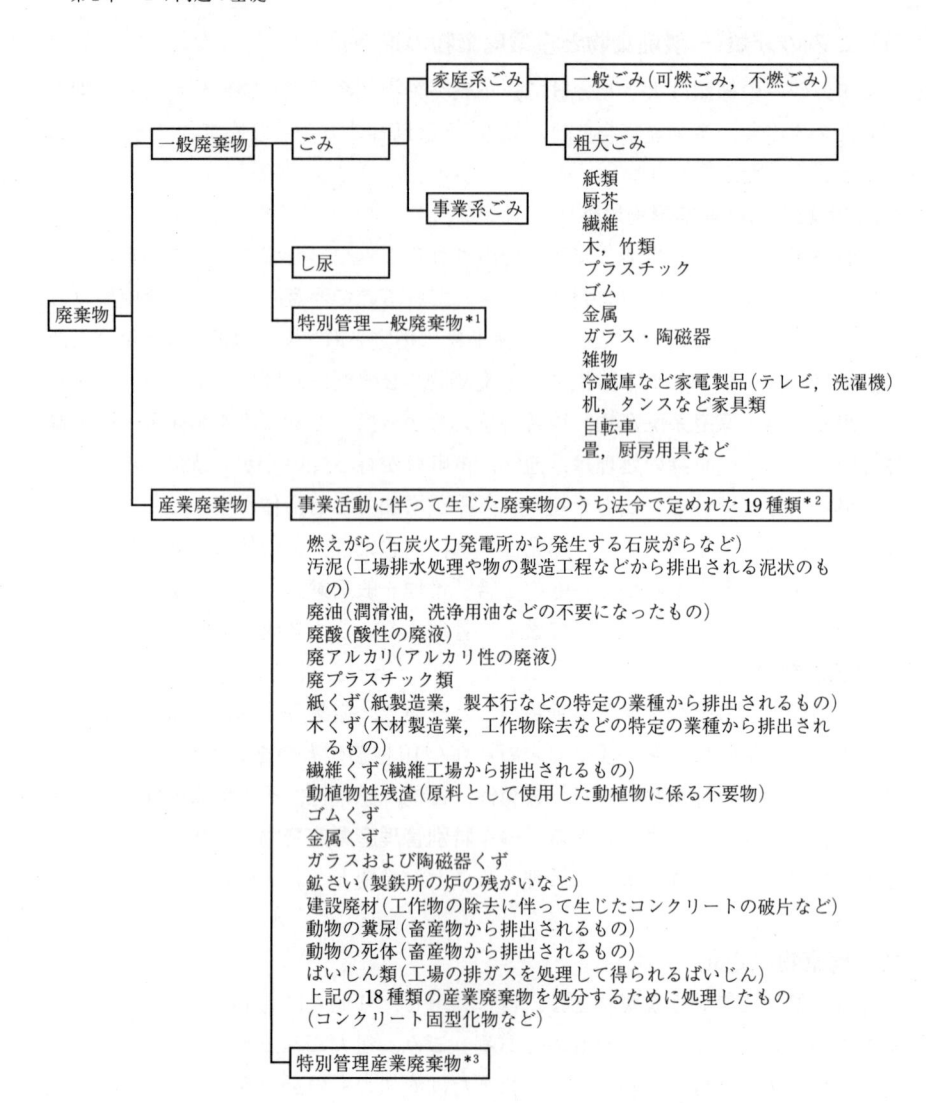

```
                                            ┌─ 一般ごみ(可燃ごみ, 不燃ごみ)
                              ┌─ 家庭系ごみ ─┤
                              │             └─ 粗大ごみ
                    ┌─ ごみ ──┤
                    │         │              紙類
                    │         │              厨芥
                    │         └─ 事業系ごみ   繊維
        ┌─ 一般廃棄物┤                        木, 竹類
        │           │                        プラスチック
        │           │                        ゴム
        │           ├─ し尿                  金属
        │           │                        ガラス・陶磁器
        │           │                        雑物
        │           │                        冷蔵庫など家電製品(テレビ, 洗濯機)
        │           │                        机, タンスなど家具類
        │           │                        自転車
        │           │                        畳, 厨房用具など
        │           └─ 特別管理一般廃棄物*1
廃棄物 ─┤
        │            事業活動に伴って生じた廃棄物のうち法令で定めた19種類*2
        │             燃えがら(石炭火力発電所から発生する石炭がらなど)
        │             汚泥(工場排水処理や物の製造工程などから排出される泥状のも
        │               の)
        │             廃油(潤滑油, 洗浄用油などの不要になったもの)
        │             廃酸(酸性の廃液)
        │             廃アルカリ(アルカリ性の廃液)
        │             廃プラスチック類
        │             紙くず(紙製造業, 製本行などの特定の業種から排出されるもの)
        │             木くず(木材製造業, 工作物除去などの特定の業種から排出され
        │               るもの)
        └─ 産業廃棄物 繊維くず(繊維工場から排出されるもの)
                      動植物性残渣(原料として使用した動植物に係る不要物)
                      ゴムくず
                      金属くず
                      ガラスおよび陶磁器くず
                      鉱さい(製鉄所の炉の残がいなど)
                      建設廃材(工作物の除去に伴って生じたコンクリートの破片など)
                      動物の糞尿(畜産物から排出されるもの)
                      動物の死体(畜産物から排出されるもの)
                      ばいじん類(工場の排ガスを処理して得られるばいじん)
                      上記の18種類の産業廃棄物を処分するために処理したもの
                      (コンクリート固型化物など)
                     └─ 特別管理産業廃棄物*3
```

*1 有害性, 感染性, 揮発性のあるもの
*2 燃えがら, 汚泥, 廃油, 廃酸, 廃アルカリ, 廃プラスチック, 紙くず, 木くず, 動植物性残渣, ゴムくず, ガラスくずおよび鉄器くず, がれき, 動物の糞尿, 動物の死体, ばいじん, 処分するために処理したもの
*3 有害性, 感染性, 揮発性があるもの

図1.1　廃棄物の分類体系

るには課題も多いのである。その処分地をめぐっては，住民と紛争問題などが起こり，不法投棄など環境破壊の主役にもなることもある。不法処理を防ぐ特別管理産業廃棄物，建設廃棄物処理その他のマニフェストがつぎつぎに定められている。

　1994（平成6）年には，水質環境基準の改正を受けて廃棄物処理法，海洋汚染防止法を改正し，トリクロロエタンなど13種の物質を含む廃棄物が「特別管理産業廃棄物」として追加指定された。さらに1997（平成9）年には，有害物質の環境への影響を防止するため，ブラウン管，鉛製品などを「管理型産業廃棄物」とし，廃棄物減量化，リサイクル化の強化，不法投棄防止のために排出者処理責任を明確化するなど，廃棄物処理法の一部改正が行われている。多量の産業廃棄物を排出する事業に対しては，減量化に関する計画を義務づける一方，一定の廃棄物の再生利用については，処理施設などの規制緩和がなされている。

■マニフェスト
　ここで出てきたマニフェストとは，廃棄物を管理するための帳簿のことである。マニフェスト制度は，排出事業者がこれを交付する。収集，運搬，処分の各事業者がそれぞれ処理内容などの必要事項を記載する。そのうえで処理終了後に帳票の写しを排出事業者に返送することによって，排出事業者が廃棄物処理の流れを管理して適正な処理が行えるようにする仕組みのことである。1991（平成3）年の廃棄物処理法の改正によって，マニフェスト制度が適用されるようになって，にわかに注目を浴びるようになった。また，現在ではすべての産業廃棄物に対してマニフェスト制度が適用されるようになってきている。廃棄物処理法の中では，廃棄物処理管理票もしくは管理票と呼んでいる。

1.7　ごみの発生量

(1)　一般廃棄物の排出量
■1日1人当り1.1 kgを排出
　さて，今度はごみの発生量について1人の人間がどれくらいの量を出しているのか，など数字を追いながらみてみよう。
　一般廃棄物は，前述のように家庭系ごみ，事業系ごみ，およびし尿に分類される。2000（平成12）年度におけるごみの排出量は，5 236万t（東京ドーム141杯分），1人1日当りにすると，ごみ排出量は1 132 gであり，ここ10年近くにわたり，

ほぼ横ばいである。この量がはたして多いといえるのだろうか，もしくは少ないのだろうか(東京ドーム地上部の容積：124万 m^3)。

　私たちは，毎日，大量生産・大量消費の中で実に多くのものやエネルギーを消費して生活しているといえるだろう。この日々の生活に伴って，目にみえるところで，またみえないところで様々なごみが排出され続けている。

　このごみを標準的な2トントラックに積み込むとすると，2 500万台以上のトラックが必要となり，一列に並べると地球を3周以上する長さになるともいわれるたいへんな分量である。ちなみに10年前の1993(平成5)年度のごみ排出量は年間5 030万tで，近年は微増傾向になっている。また，1993年度の1人1日当りのごみ排出量は1 103 gであった。

■ごみ処理費用は2兆2 813億円

　ごみ処理費用は，年間にすると2兆2 813億円(1999年度)にものぼる。国民1人当りの負担額に換算すると，約1万8 300円となっている。ごみ処理費用に関しては，10年間で2.4倍に増えていて，出している量があまり変わっていないのに処理にかかるお金が倍以上になっているということである。図1.2は，10年間の排出量(総量と1人1日)の排出量を示している。

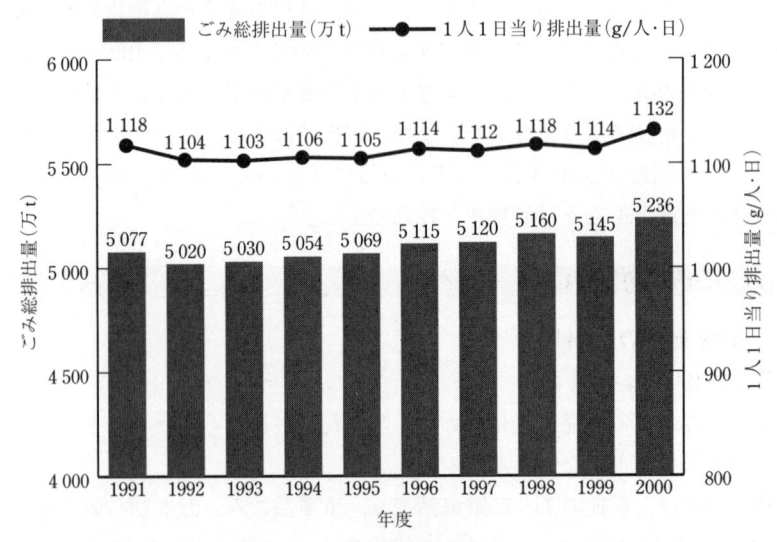

図1.2　一般廃棄物排出量(万t)
(出典：環境省)

(2) 産業廃棄物の排出状況（全国総排出量）

■年間の排出量は約4億600万t

一方，産業廃棄物の方はどうであろうか。環境省の調べによれば，2000年度の全国の産業廃棄物の総排出量は，約4億600万tにのぼる。この数値は1996年度以降でみると，やや減少傾向がみられる。このような大量に発生する産業廃棄物を処理するために，多くの時間と経費をかけなければならないようになっている。さらに，廃棄物処理に伴い発生するダイオキシン類の対策や最終処分場の不足，不法投棄の問題といった課題が生じている（図1.3）。

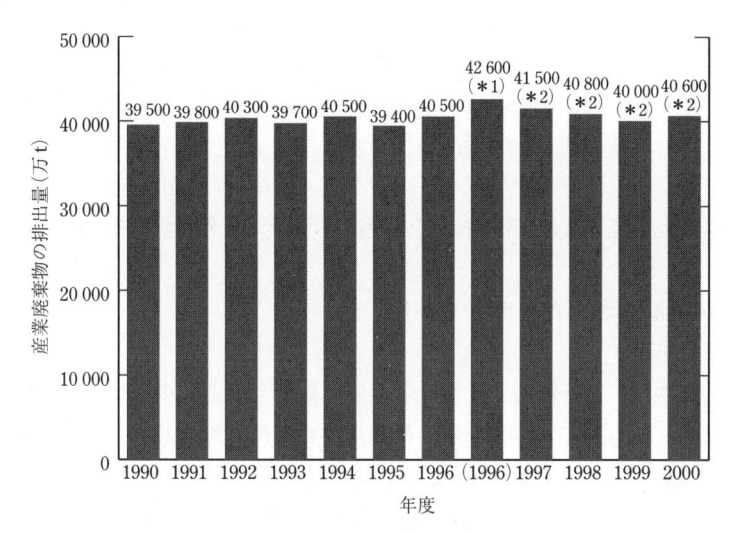

図1.3 産業廃棄物の排出量（万t）

＊1 ダイオキシン対策基本方針（ダイオキシン対策関係閣僚会議決定）に基づき，政府が2010（平成22）年度を目標年度として設定した。「廃棄物の減量化の目標量」（1999年9月28日政府決定）における1996年度の排出量を示す。
＊2 1997年度以降の排出量は，＊1と同様の算出条件を用いて算出している。
（出典：環境省）

こうした大量に発生する一般廃棄物や産業廃棄物の処理に関する課題を解決していくためには，廃棄物の排出そのものを抑制し，そのうえで再生利用（リサイクル）を円滑に推進していけるような社会，循環型社会への転換を図っていく必要があるだろう。

第1章 ごみ問題の基礎

1.8 一般廃棄物の排出量の動向

(1) 全国的には横ばいの傾向

では，今度は一般廃棄物の排出の動向についてみてみよう。ごみの総排出量を調べてみると，GDP(国内総生産)との相関関係が非常に強いことがわかっている。経済の調子が良いときには大量のごみが排出され，調子の悪いときにはごみの量は減る。

1976(昭和54)年度以降にみられる減少傾向は，第二次石油ショックとほぼ重なっている。また，1991(平成2)年度をピークとする増加傾向とそれ以降の横ばい傾向は，いわゆるバブル経済期とその破綻とほぼ重なっている。しかし，これからは経済の好不況にかかわらず，廃棄物量の削減を図っていかなければならない。そのためには，使い捨て製品の使用の自粛やリターナブル容器を用いた製品を選択するなど生活様式を見直し，可能な限り廃棄物の排出を抑制し，そのうえでリサイクルを進める「循環型社会」への本格的なシステムの転換が必要である。

(2) ごみ減量処理率とリサイクル率

■ごみ減量処理

一般廃棄物は，直接埋め立てられるもの，焼却されるもの，焼却以外の方法で中間処理されるものに大別される。焼却以外の中間処理施設には粗大ごみを処理(破砕，圧縮など)する施設(**粗大ごみ処理施設**)，資源化を行うための施設(**資源化施設**)，堆肥をつくる施設(**高速堆肥化施設**)などがある。焼却の際には，発電，熱利用など有効利用が行われている事例も増加してきている。焼却処理による焼却残渣(燃え残りや焼却灰のこと)などは，最終的には埋立処分される。直接埋め立てられる廃棄物，焼却残渣，焼却以外の中間処理施設の処理残渣を合わせたものが最終処分場に埋め立てられる量になる。焼却や破砕処理あるいは資源化などの中間処理を行ったごみの割合を「ごみ減量処理率」という。この値は年々向上していて，2000年度には94.1％に達している。

■リサイクル率

市町村の分別収集や中間処理による資源化量と住民団体などによって集団回収され資源化されるものの合計の総排出量に対する割合を「リサイクル率」と呼ぶ。リサイクル率も1989(平成元)年度の4.5％から2000年度の14.3％に大きく増加

しており，リサイクルが大いに国民生活の中に近年反映されてきているといえるだろう。

(3) 埋め立てられるごみの量

一方，一般廃棄物の直接埋め立てられるごみの量は，2000年度で約308万t(1995年度572万t)で，総排出量のおよそ5.9％ほどとなっている。直接埋立量の割合は，年々減少傾向にある。また，ごみ処理施設から排出される焼却灰などの処理残渣を合わせた埋立総量は，1 051万t(同1 360万t)であり，こちらの数字も年々減少している。総排出量が横ばいで，中間処理による減量やリサイクル量は増加しているため，最終処分される量は年々減少している。しかし，一般廃棄物の最終処分場は，新たな最終処分場がつくられないとすると，あと9～10年弱で満杯となると予想されている。

1.9　産業廃棄物の排出量の動向

(1) 全体的には横ばい傾向

2000年度における全国の産業廃棄物の総排出量は，約4億600万tとなっている。1990(平成2)年度以降の排出量の状況をみてみると，4億t前後で大きな変化はない。バブル経済の崩壊後はほぼ横ばいとなっている。

(2) 産業廃棄物の種類

産業廃棄物の排出量を種類別にみてみると，汚泥の排出量が最も多く，全体の半分近くにも達している。これに次いで，動物の糞尿，がれき類となっている。これらの上位3種類の排出量が総排出量の約8割を占めている。こうした数字をみると，汚泥に対する処理というのが予想以上にたいへんであるということがわかる。しかもこの汚泥は，単なる泥，土ではなくて，なんらかの化学物質などを含んだ文字どおりの汚れた泥である比率が高いので，始末が結構厄介である。

(3) 地域別の排出量

産業廃棄物の排出量を地域別にみてみると，やはり関東地方からの排出量が最も多く，約1億1 553万t(全体の28.5％)である。これに近畿地方と中部地方を合わせた地域からの排出量が日本全体の半分以上を占めている。中部地方は約

第1章　ごみ問題の基礎

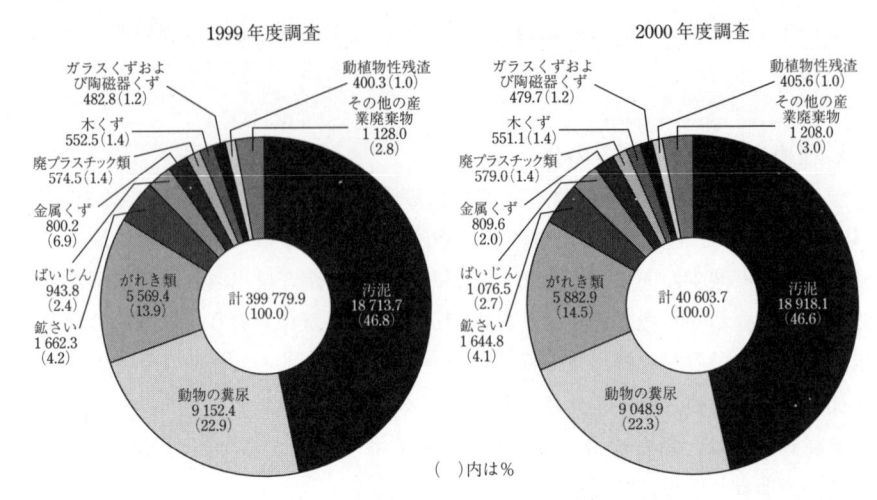

図1.4　産業廃棄物の種類別排出量（万t／年）
（出典：環境省）

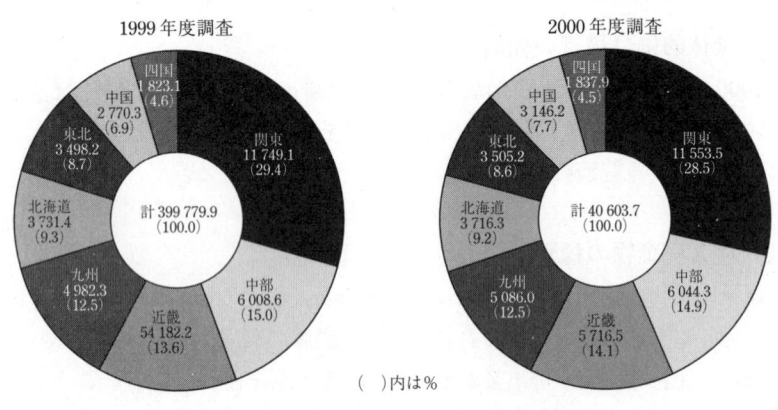

1999年度調査
- 動植物性残渣 400.3 (1.0)
- その他の産業廃棄物 1 128.0 (2.8)
- ガラスくずおよび陶磁器くず 482.8 (1.2)
- 木くず 552.5 (1.4)
- 廃プラスチック類 574.5 (1.4)
- 金属くず 800.2 (6.9)
- ばいじん 943.8 (2.4)
- 鉱さい 1 662.3 (4.2)
- がれき類 5 569.4 (13.9)
- 動物の糞尿 9 152.4 (22.9)
- 汚泥 18 713.7 (46.8)
- 計 399 779.9 (100.0)

2000年度調査
- 動植物性残渣 405.6 (1.0)
- その他の産業廃棄物 1 208.0 (3.0)
- ガラスくずおよび陶磁器くず 479.7 (1.2)
- 木くず 551.1 (1.4)
- 廃プラスチック類 579.0 (1.4)
- 金属くず 809.6 (2.0)
- ばいじん 1 076.5 (2.7)
- 鉱さい 1 644.8 (4.1)
- がれき類 5 882.9 (14.5)
- 動物の糞尿 9 048.9 (22.3)
- 汚泥 18 918.1 (46.6)
- 計 40 603.7 (100.0)

( )内は％

図1.5　産業廃棄物の地域別排出量（万t／年）
（出典：環境省）

1999年度調査
- 四国 1 823.1 (4.6)
- 中国 2 770.3 (6.9)
- 東北 3 498.2 (8.7)
- 北海道 3 731.4 (9.3)
- 九州 4 982.3 (12.5)
- 近畿 5 418.2 (13.6)
- 中部 6 008.6 (15.0)
- 関東 11 749.1 (29.4)
- 計 399 779.9 (100.0)

2000年度調査
- 四国 1 837.9 (4.5)
- 中国 3 146.2 (7.7)
- 東北 3 505.2 (8.6)
- 北海道 3 716.3 (9.2)
- 九州 5 086.0 (12.5)
- 近畿 5 716.5 (14.1)
- 中部 6 044.3 (14.9)
- 関東 11 553.5 (28.5)
- 計 40 603.7 (100.0)

( )内は％

6 044万t（同14.9％），近畿地方が約5 716万t（同14.1％），九州地方の約5 086万t（同12.5％）になっている。主要な工業地帯を抱える日本の拠点産業エリアから大量の産業廃棄物が発生しているということがこの数値からも裏づけられる（2000年度）。

1.9　産業廃棄物の排出量の動向

(4) 業種別排出量

産業廃棄物の排出量を業種別にみてみると，排出割合の高いものから電気・ガス・熱供給・水道業（下水道業を含む）が約9 150万t（全体の22.5％），農業が約9 080万t（同22.4％），建設業が約7 901万t（同19.5％），パルプ・紙・紙加工品製造業が約2 706万t（同6.7％），鉄鋼業が約2 660万t（同6.6％），化学工業が約1 686万t（同4.2％）となっており，この6業種で約8割を占めている。農業，エネルギー，建設関連産業は，生産の過程で廃棄物の量が多い代表選手である。

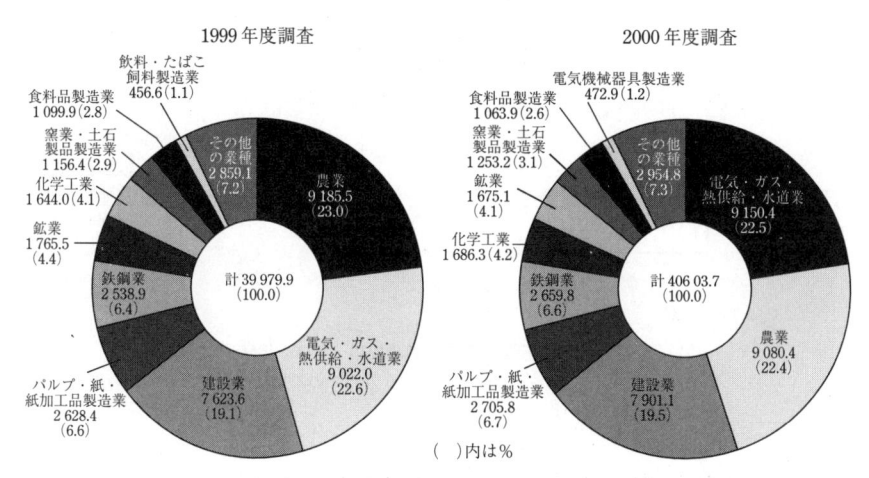

図1.6　産業廃棄物の業種別排出量（万t／年）
（出典：環境省）

(5) 産業廃棄物の処理フロー

産業廃棄物全体の処理の流れ（フロー）をみてみよう。2000年度における産業廃棄物の総排出量約4億600万tのうち，様々な処理により中間処理されたものは約3億300万t（全体の75％）である。直接再生利用されたものは約8 000万t（同20％），直接最終処分されたものは約2 300万t（同6％）となっている。

また，中間処理された産業廃棄物は，この段階で約1億2 600万tまで減量化されたうえで再生利用（約1億400万t）され，残りは処理後，最終処分（約2 200万t）されている。

最終的には，排出された産業廃棄物全体の45％にあたる約1億8 400万tが再生利用され，11％にあたる約4 500万tが最終処分されることになる。

第1章　ごみ問題の基礎

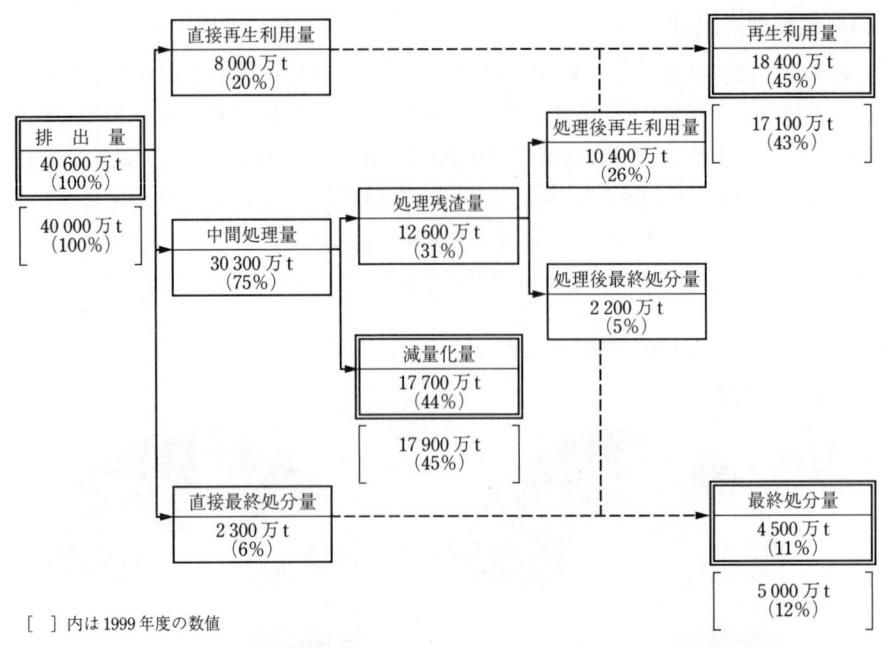

```
                  ┌─── 直接再生利用量 ────────────────────┐    ┌──────────┐
                  │      8 000 万 t                      │    │ 再生利用量 │
                  │       (20%)                          │    │18 400 万 t│
                  │                                      │    │  (45%)   │
                  │                                      │    └──────────┘
  ┌──────┐        │                    ┌─ 処理後再生利用量 ┐   17 100 万 t
  │ 排出量│        │                    │   10 400 万 t   │     (43%)
  │40 600万t│─────┤                    │     (26%)       │
  │(100%)│        │  ┌─ 中間処理量 ┐─── 処理残渣量 ──────┤
  └──────┘        │  │  30 300 万 t │   12 600 万 t
  40 000 万 t     └──│    (75%)    │     (31%)         ┌─ 処理後最終処分量 ┐
   (100%)            └─────────────┤                   │    2 200 万 t    │
                                   │                   │      (5%)        │
                                   ├─ 減量化量 ────────┘
                                   │  17 700 万 t
                                   │    (44%)
                                   │  17 900 万 t
                                   │    (45%)
                  ┌─ 直接最終処分量 ┐                        ┌──────────┐
                  │   2 300 万 t    │                        │ 最終処分量 │
                  │     (6%)        │                        │ 4 500 万 t │
                  └─────────────────┘                        │   (11%)   │
                                                             └──────────┘
                                                              5 000 万 t
                                                               (12%)
```

[　]内は1999年度の数値

図1.7　全国産業廃棄物の処理フロー（2000年度）
＊ 各項目量は，四捨五入しているため，収支が合わない場合がある
（出典：環境省）

1.10　首都圏の一般廃棄物の広域移動の状況

　一般廃棄物は，最終的にはどのような場所に行くのだろうか。首都圏についてみてみる。2000年度に首都圏の都県において排出された一般廃棄物のうち最終処分されたものは，260.5万tである。そのうち12.9％に当たる33.6万tが民間業者に最終処分を委託されて都県外に搬出され，さらにその74.4％の25.0万tが首都圏外に搬出されている。つまり首都圏から大量に発生するごみの多くが圏内を飛び越えて，さらにその他の地域にまで運び込まれているということを数字は示している。

　都県別にみた場合，埼玉県，神奈川県，千葉県の県外搬出量および首都圏外搬出量が多くなっている。また，都県外に搬出している割合が高いのが，埼玉県，栃木県，茨城県であり，埼玉県が4割以上，栃木県と茨城県が2割以上を都県外に搬出している。移動先でみると，首都圏外では，福島県，長野県，秋田県など

1.10 首都圏の一般廃棄物の広域移動の状況

表1.1 首都圏の一般廃棄物の処分状況(2000年度)

(万t/年)

	最終処分量	市町村等処分量	公社・民間等委託量			
			都県内	都県外	首都圏外	合計
茨城県	15.4 100.0%	7.2 46.6%	4.8 31.3%	3.4 22.2%	3.1 20.0%	8.2 53.4%
栃木県	8.7 100.0%	6.4 74.2%	— 0.0%	2.2 25.8%	2.2 25.5%	2.2 25.8%
群馬県	12.3 100.0%	10.4 84.7%	0.5 4.0%	1.4 11.2%	1.4 11.2%	1.9 15.3%
埼玉県	33.9 100.0%	8.9 26.3%	11.0 32.5%	14.0 41.3%	10.1 29.9%	25.0 73.7%
千葉県	31.2 100.0%	19.2 61.6%	7.6 24.3%	4.4 14.1%	3.4 10.8%	12.0 38.4%
東京都	98.9 100.0%	98.8 99.9%	0.1 0.1%	0.0 0.0%	0.0 0.0%	0.1 0.1%
神奈川県	60.1 100.0%	48.7 81.0%	3.2 5.4%	8.2 13.6%	4.8 8.0%	11.4 19.0%
合計	260.5 100.0%	199.7 76.7%	27.2 10.4%	33.6 12.9%	25.0 9.6%	60.8 23.3%

*1 下段は,最終処分量に占める割合。
*2 市町村等処分量とは,市町村,一部事務組合により処分された量で,当該都県の市町村,一部事務組合に委託した量を含む。
*3 表中の「0.0」は,該当値はあるが500t未満のもの。
*4 1000t未満は,四捨五入しているため合計値が一致しない場合がある。
(出典:環境省)

に運搬されて最終処分されている。

　図1.8より,神奈川県や埼玉県からなぜか広島県や長野県へ,また東側の千葉,茨城,栃木県は秋田県や福島県へと遠隔地にたくさんのごみを運び込んでいることがわかる。本来は余地さえあれば,自分の所のごみは自前で処分することが望ましい。しかし海域を持たない県,開発余地の少ない県など,事情が自治体ごとに異なり,なかなか現実的に処分用地の確保が容易ではなく,たくさんの問題が転がっているところがごみ問題の難しさでもある。

　なお,2000年度に全国の市町村が民間業者などに最終処分を委託し都道府県外へ搬出した一般廃棄物の量(県外搬出量)の総計が,52.6万t(1999年度は61.8万t)となっており,首都圏は全国の63.9%を占めている。

第1章　ごみ問題の基礎

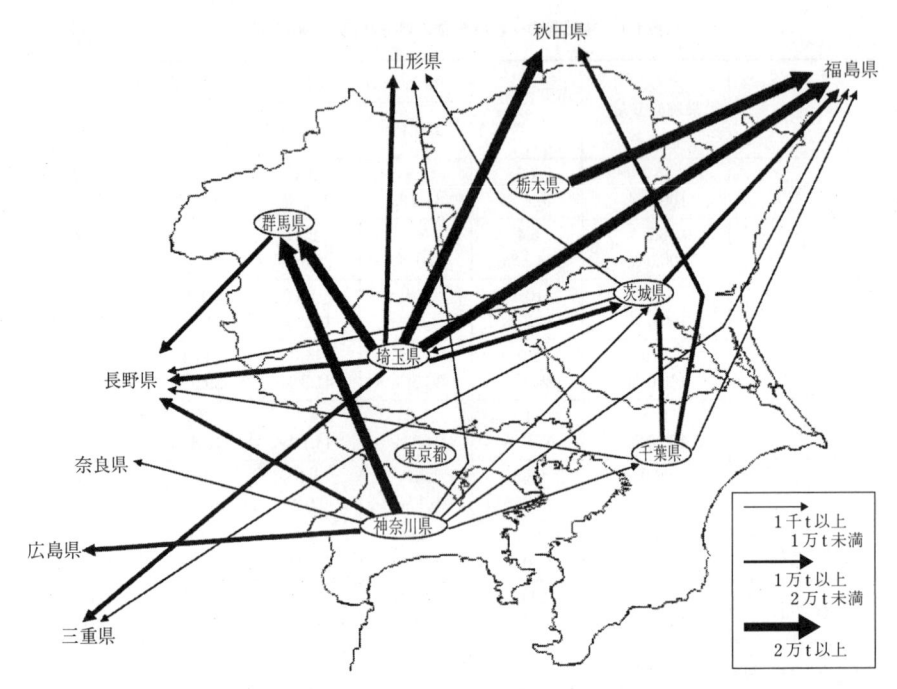

図1.8　首都圏の一般廃棄物の広域移動状況（2000年度）
（出典：環境省）

表1.2　一般廃棄物の都道府県移動状況（2000年度）

（千t/年）

	都県外移動 （首都圏域外）	1位	2位	3位	4位	5位
茨城県	34.2(30.9)	福島県 13.7	三重県 9.1	長野県 4.7	山形県 3.3	埼玉県 2.9
栃木県	22.4(22.1)	福島県 21.1	福井県 0.6	山形県 0.4	群馬県 0.3	—
群馬県	13.8(13.8)	長野県 13.2	三重県 0.3	福島県 0.2	北海道 0.0	—
埼玉県	139.9(101.3)	秋田県 31.6	福島県 28.9	群馬県 23.4	長野県 16.6	茨城県 14.4
千葉県	44.1(33.8)	秋田県 19.7	茨城県 10.2	長野県 7.1	福島県 5.6	三重県 0.7
東京都	0.1(0.0)	群馬県 0.0	北海道 0.0	—	—	—
神奈川県	81.7(47.9)	群馬県 26.0	広島県 17.8	長野県 12.0	福島県 6.5	山形県 6.2
首都圏合計	336.2(249.8)	福島県 76.0	長野県 53.7	秋田県 51.3	群馬県 49.8	茨城県 30.7

＊1 市町村が都県外の民間業者，公社などに最終処分を委託した一般廃棄物量を集計したもの．
＊2 表中の「0.0」は50t未満ものを，「—」は該当値のないものを示す．
＊3 1000t未満は，四捨五入しているため合計値が一致しない場合がある．
（出典：環境省）

表 1.3 一般廃棄物の都道府県外移動状況(2000 年度)

(万 t/年)

圏　域	最終処分量	都道府県外搬出量[*1]	うち圏外搬出量[*2]
北海道・東北	207.8	1.0 (0.5 %) 1.9 %	0.2 (0.1 %) 0.5 %
首都圏	260.5	33.6 (12.9 %) 63.9 %	25.0 (9.6 %) 78.9 %
北陸・中部	155.9	9.3 (6.0 %) 17.7 %	3.3 (2.1 %) 10.4 %
近畿	204.0	2.5 (1.2 %) 4.7 %	2.1 (1.0 %) 6.5 %
中国・四国	104.1	1.9 (1.8 %) 3.5 %	1.1 (1.0 %) 3.4 %
九州・沖縄	119.1	4.3 (3.6 %) 8.2 %	0.1 (0.1 %) 0.3 %
合　計	1 051.4	52.6 (5.7 %) 100.0 %	31.6 (3.4 %) 100.0 %

*1 市町村が他の都道府県の公社，業者などに最終処分を委託した一般廃棄物量を圏域ごとに単純に合計にしたもの。ただし，大阪湾広域臨海環境準備センターに委託した量は含まない。
*2 市町村が圏域外の公社・業者などに最終処分を委託した一般廃棄物の量。
*3 1 000 t 未満は，四捨五入しているため合計値が一致しない場合がある。
*4 （　）は，最終処分量に対する割合。
*5 下段は，県外搬出量または圏外搬出量の最終処分量に占める割合。
(出典：環境省)

1.11　リサイクルルートを探る

(1) リサイクルにも種類がある

　リサイクルと一言でいってもいくつかの種類がある。**マテリアルリサイクル，サーマルリサイクル，ケミカルリサイクル**といったものがそれにあたる。
　マテリアルリサイクルは，新たな製品の原材料として利用する方法，サーマルリサイクルは，固形燃料に加工するなどエネルギーとして利用する方法，ケミカルリサイクルは，熱分解など化学的操作を加えて原料に戻す方法である。では，身近なもののリサイクルルートについてみてみよう。
　最近では，古本を新品に近い体裁に整えて，明るい開放的な店舗で売るようなリサイクルショップと呼ばれる店が人気を呼んでいる。また古着類や家具，コンピューターなどもリサイクルショップの中ではすでに業態として定着している。

中古車などもこうしたリサイクル産業の一角に分類できるだろう。こうした古本や中古衣類の再利用のように製品をそのままの形で再利用するのはリユース（再使用）と呼ばれるもので，元来のリサイクルとは意味が少し異なる。

(2) ごみの資源化・再利用化

家庭から排出されるごみは，①可燃性粗大ごみ（木製家具，畳，じゅうたん，マットレスなど），②不燃性粗大ごみ（家電品，自転車，ガス器具など），③不燃ごみ（びん，缶，がれきなど），④プラスチック類（プラスチック，ビニールシート，ゴムなど）および⑤資源ごみ（ガラス製容器，金属製容器，プラスチック製容器，紙製容器包装およびこれ以外の再資源化の可能な紙類，金属類，ガラスびんなど）に分類される。

これらのごみのうち，粗大ごみの家電品，自転車，家具などの再生可能な廃棄物は，リサイクルプラザといわれる施設で補修・再生されることになる。また，資源ごみ中の鉄缶，アルミ缶，ガラス，生びん，ペットボトルおよび古紙などは，手による選別または機械選別により回収され資源化される。さらには，紙類，プラスチック類などは手選別により回収され資源化あるいは固形燃料化される。なお，容器包装リサイクル法の施行によって，びんなどのガラス容器，缶類などの金属製容器，ペットボトルなどのプラスチック容器および紙パックなどの紙製容器などは分別収集し，再選別後再利用が促進されるようになった。

1.12 素材別のリサイクルの現状

再資源化率が近年向上してきている。この背景としては，容器包装リサイクル法が施行され，自治体などの分別収集が進んでいること，リサイクル施設の整備が進み処理量が増加していること，技術の進歩により鉄くずとなった再生原料の質が向上し，鉄鋼メーカーなどの利用量が増加していることなどがその要因としてある。本章の締めくくりとしていくつかの素材別のリサイクルがどうなっているかみておこう。

(1) 古新聞はどのようにリサイクルされる？

家庭やオフィスなどから出される古紙は，新聞（ちらし広告を含む），雑誌，段ボール，上物古紙（上質紙）などに分けられる。回収された古紙は，古紙問屋で圧

縮こん包されて製紙メーカーに運ばれることになる。

製紙メーカーでは古紙をまず溶解する。古新聞などはインクで印刷されているので，脱墨といってインクを取り除く処理が必要となる。さらに漂白して色を落とす工程を経て紙へと再生させる。

新聞古紙は，やはり新聞用紙として利用するのが最も普通のリサイクルであるが，さらにコピー用紙，印刷用紙などの原料になるケースもある。一方，段ボールは，段ボール原紙の原料になる。また，雑誌は，菓子箱などに使われるボール紙の原料になる。上物古紙と呼ばれる上質紙や牛乳パックは，主としてトイレットペーパーの原料として使われる。

なお，段ボールやボール紙などの板紙，トイレットペーパーはほとんど古紙だけを原料としているが，新聞用紙やコピー用紙などの印刷情報用紙は強度やある程度の美しさが求められるため，必要に応じてバージンパルプと混合して使われる。古紙のリサイクル率は，約56％である。紙を再利用すれば原料から紙をつくるときに必要なエネルギーの約75％を節約することができるのである。

(2) 容器包装リサイクル

1997（平成9）年に成立した容器包装リサイクル法では，ペットボトルやプラスチック製，紙製の容器包装もリサイクルの対象となった。これらについては，リサイクルの市場が形成されていなかったので，リサイクルした後の受け皿が問題となっている。例えば，ペット樹脂は，もともと繊維材料として開発されたため，用途も繊維へのリサイクルが主流である。また，自治体で集めたペットボトルは，再生工場で溶解してペレット（プラスチック原料の一種）にし，繊維メーカーでペレットから繊維をつくり，カーペット，フリースセーター，制服などになる。鉄やアルミ，ガラスなどの素材は，繰り返しリサイクルされるが，ペットボトルは，1回きりのリサイクルである。

■ガラスびん

ガラスびんには，繰り返し使う「リターナブルびん」と，1回きりでリサイクルされる「ワンウェイびん」がある。リターナブルびんの代表選手は，ビールびんと一升びんであるが，これらはリサイクルの優等生と呼ばれることもあるほど，何度も使用される。一升びんは，空きびん専門の業者が回収し，洗浄して酒造メーカーなどに販売される。ビールびんは，ビールメーカーに戻され，洗浄して繰り

返し使われる。ワンウェイびんは、カレット業者で破砕、洗浄、異物除去などの工程を経て原料としてガラスびんメーカーに供給される。つまりワンウェイびんは、砕かれてカレットになり、新しいびんをつくる原料としてリサイクルされている。カレットは、ガラスを砕いたものである。メーカーでは、けい砂、ソーダ灰、石灰などのバージン原料と一緒に溶解して新しいびんをつくる。原料に占めるカレット利用率は、79％に達する。カレット利用率は、新しいガラスびんの生産量に対するカレット使用量の比率を表している。一方、1996(平成8)年度のリターナブルびんの回収率は、種類ごとに99％(ビールびん)、97％(牛乳びん)、88.4％(一升びん)、12％(清涼飲料びん)、5％(日本酒中小びん)となっている。リターナブルびんのびん全体に占める割合は、36.3％(1997年度)であり、1989(平成元)年度と比較すると、半分程度にまで下がっている。再利用できる回数は、ビールびんは15～16回、牛乳びんは50～60回、1升びんは12～13回にものぼる。

■古繊維の再生

また、古繊維(ぼろ)の再生繊維とペットボトルの再生繊維が競合して、ぼろのリサイクルに影響を及ぼすなどの問題も最近では生じてきている。また、プラスチックや紙製の容器包装は、新たな製品の原料として使用するマテリアルリサイクルが困難である。そのため、プラスチック容器包装は、鉄鋼メーカーの溶鉱炉やコークス炉の還元剤としての利用が、紙製の容器包装は、製紙メーカーで固形燃料としての利用が認められている。しかし高い費用をかけてこのような用途に利用することが本来のリサイクルなのかどうか、疑問が残るところである。リサイクル以前に使用量の削減、すなわち発生の抑制こそが重視されるべきだろう。

■スチール缶とアルミ缶

スチール缶は、鉄スクラップ業者を経て、建築用の棒鋼などを生産する電炉メーカーで主として使われる。アルミ缶は、非鉄金属業者を経て、再びアルミ缶の原料に利用されるケースが多いが、その他自動車や機械部品のアルミ鋳物製品の原料にもなる。「Can to Can」(カン・トゥー・カン、缶から缶に再生すること)と呼ばれる。

鉄を再利用すれば、鉄鉱石から鉄をつくるときに必要なエネルギーの約65％を節約できる。現在、スチール缶のリサイクル率は83％、アルミ缶は79％に達している。回収されたアルミ缶の利用先が安定的に確保されることに加え、アル

ミスクラップを用いてアルミ缶をつくれば，原料のボーキサイトから新たに地金をつくるよりも97％もエネルギーを節約することができるので，「Can to Can」の推進は重要である．アルミ缶1個のリサイクルで，40Wの電球を11時間30分点灯する電力を節約することができるといわれ，リサイクルは貴重な省エネルギーのためにも役立つことを物語っている．

■ プラスチック

プラスチックは加工のしやすさ，用途の多様さから非常に多くの製品として利用されており，その生産量・消費量は現在でも増加している．

プラスチックは，ペット（PET）ボトルや食品ラップなどの容器包装のように使用後すぐに廃棄されるものと，家電製品や自動車などの耐久消費財の部品として利用され，生産と廃棄との間に長い時間的なギャップがあるものなどに大きく分けられ，様々な形態で利用されている．そのため，生産量に対するリサイクル量を短い時間で比較することは，現在ではたいへん難しくなっている．1997年には，プラスチックの廃棄物の総排出量に対して，埋立処理が約34％，焼却処理

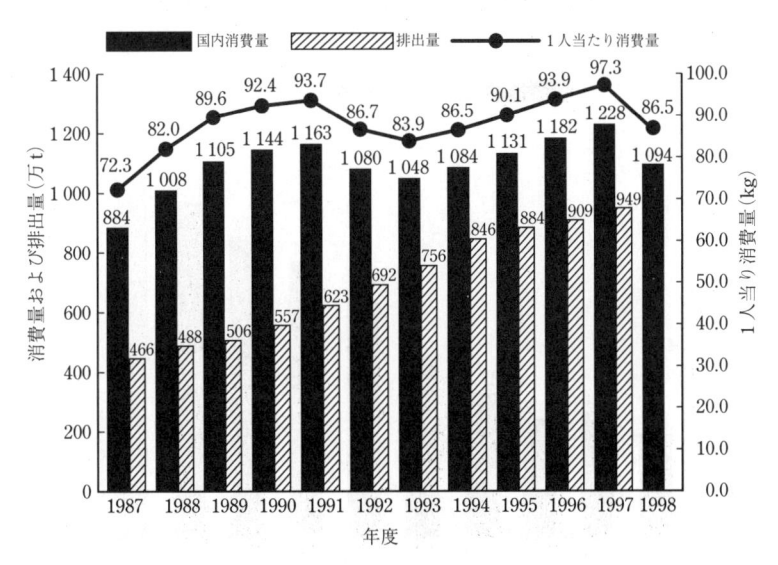

図1.9 プラスチックのリサイクル
1999年から算定方式を変更．産業廃棄物に未使用の樹脂・生産ロス・加工ロスを新たに計上し計算した．
（出典：環境省）

第1章　ごみ問題の基礎

が53％，溶融などにより再度プラスチックとして再生し利用する量が12％と推計されている。

■ペットボトル

飲料水の入れ物などとして手軽であることから，今日ペットボトルがポピュラーになっている。ペットボトルは，ポリエチレンテレフタレートと呼ばれる物質で，実はかなり化学的には安定した物質であり，ペットボトル自体も純度の高いポリエチレンテレフタレートでできていることから，回収することによって資源として大いに活用できる可能性が高いのである。

飲料用容器としての利用が増えているペットボトルは，年々生産量が増加していて，2001（平成10）年には約40万tに達している。ペットボトルのリサイクルは，PETボトルリサイクル推進協議会を中心とした回収・再利用の取組みが始められ，1997年4月からの容器包装リサイクル法によるリサイクルの開始によって，1997年に9.8％，1998年には16.9％，2001年には40.1％と，ここ数年回収率が大きく伸びている。

軽くて落としても割れず安全衛生面でも優れた容器として飲料用を中心として

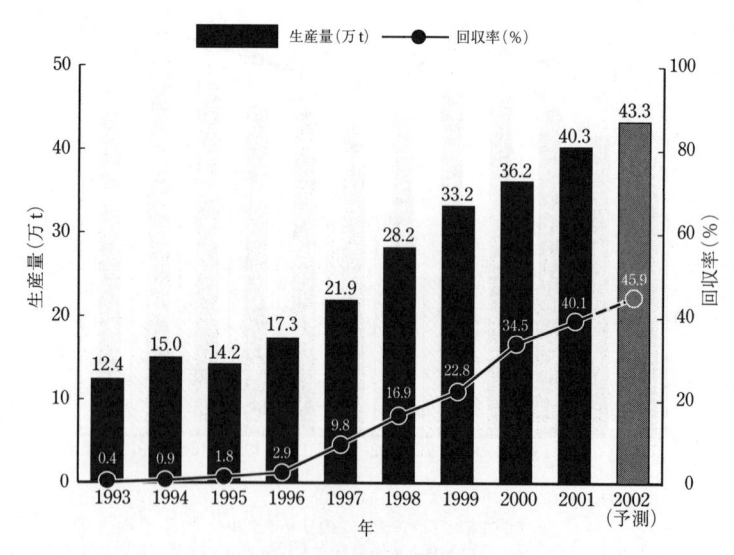

図1.10　ペットボトルのリサイクル
（出典：PETボトルリサイクル推進協議会）

好調な需要を反映し，その利用量も増加している。500 mL以下の小型ボトルについては，携帯に手軽で飲んだ後に再び蓋をすることができるリシール性も消費者に受け，この5年間の間に2.3倍近い消費量となっているが，同時にリサイクル活動も積極的に進められているのがペットボトルの特徴といってもよいだろう。

市町村による分別収集も次第に進み，1996年度には148市町村だったものが，1999年12月末には1 205市町村が分別収集を行っている。現在ではさらに増加して2002年度8月の実績で2 878市町村が分別収集を実施するところまできている。現在分別収集量が急増し，再商品化の能力が追いつかない状況が生じてきており，さらに再商品化の能力をさらに拡大していく必要がある。

参考文献

1) 寄本勝美：ごみとリサイクル，岩波新書，1990
2) 山本良一：地球を救うエコマテリアル革命，徳間書店，1995
3) 牧野昇：環境ビッグビジネス，PHP研究所，1998
4) ケヴィン・リンチ（有岡孝，駒川義隆訳）：廃棄の文化誌—ゴミと資源のあいだ—，工作舎，1994
5) 寄本勝美：ゴミとリサイクル，岩波書店，1990
6) 石川禎昭：ごみ教養学なんでもQ＆A，中央法規出版，1990
7) 石川禎昭：新ごみ教養学なんでもQ＆A，中央法規出版，2000
8) 八太昭道：ごみから地球を考える，岩波書店，1988
9) 本田雅和：巨大都市ゴミと闘う，朝日新聞社，1989
10) レスター・R・ブラウン編著：ワールドウォッチ地球環境白書1998-99，ダイヤモンド社，2000
11) 環境省：循環型社会への挑戦
    http://www.env.go.jp/recycle/circul/pamph/fig/guide.pdf
12) 旧厚生省水道環境部：ごみのお話
    http://www.env.go.jp/recycle/waste/index.html
13) 環境省：廃棄物処理の現状
    http://www.env.go.jp/recycle/kosei_press/h000404a.html
14) PETボトルリサイクル推進協議会HP
    http://www.petbottle-rec.gr.jp/data/da_tou_sei.html

2 社会基盤としてのごみ問題

2.1 インフラストラクチャーとしてのごみシステム
2.2 ごみ焼却処理施設（可燃ごみの処理の手順）
2.3 粗大ごみ処理施設（不燃・粗大ごみ処理施設）
2.4 し尿処理施設
2.5 リサイクルセンター（リサイクルプラザ）
2.6 最終処分場
2.7 安全性の確保
2.8 不法投棄の問題
2.9 広域移動の問題

ごみ焼却の余熱を有効に利用する（余熱を利用した熱帯植物園）

2.1 インフラストラクチャーとしてのごみシステム

次に、集められたごみ処理のされ方についてみてみよう。家や工場などから出たごみは、どのような順番や行程で処理されていくのだろうか。素朴な疑問として、目の前にあるごみがどのような場所に持ち去られて、処理され、最終的にどうなっていくのか気になるところである。その疑問を解く鍵は、ごみを処理するための**社会システム**の仕組みを知ることにある。ここではインフラストラクチャーとしてのごみ関連施設がどのような役割を持っているのか、これらはどのような手順で処理されていくのか、その大枠を探ってみよう。

広域事務組合(自治体などが自分のところだけでは、施設や規模が十分でないときに、助け合うための組合をつくるもの)などには、**ごみ焼却処理施設**(可燃ごみの処理)、**粗大ごみ処理施設**(粗大・不燃ごみの処理)、**し尿処理施設**(し尿の処理)、一般廃棄物最終処分場(焼却灰および粗大破砕物などの不燃性ごみの埋立処分)、**リサイクルプラザ**(資源ごみの処理)、**リサイクルセンター**などの施設がある。地域によっては、ごみ焼却処理施設のことをクリーンセンターなどと呼んだりもする。この名称は、地域によりまちまちで、バラエティに富んでいる。

リサイクルプラザは、不燃ごみ中の鉄、アルミなどの金属、ガラスカレット、生びんなどの回収・資源化、可燃ごみ中の廃木材、紙類などの可燃物を回収・資源化または固形燃料化を行う施設に、家電品、自転車、家具などの不用品の補修・再生品の展示・保管などの事業を行う施設を併設したものである。さらには、市民のごみのリサイクルに関する知識・意識の向上のための研修室などを設ける施設もある。リサイクルプラザは、国庫補助対象となる。

リサイクルセンターでは、不燃ごみ中の鉄缶、アルミ缶、ガラスカレット、生びんなどを、また、可燃ごみ中の廃木材、紙類などを機械または手選別し、回収・資源化している。

2.2 ごみ焼却処理施設(可燃ごみの処理の手順)

まず、燃やすことができる可燃ごみの処理のされ方について説明しよう。ごみは、焼却することで、早くそして衛生的にその量を減らすことができる。家庭から出るごみの約60％は水分であり、これを減らすだけでもかなりの量を減らすことが可能である。ごみはよく水切りをしてから出してほしいという自治体のパ

2.2 ごみ焼却処理施設(可燃ごみの処理の手順)

ンフレットがよくあるが，実はこの辺に理由がある。可燃ごみは，最終的に燃やすことによって容量を約1/10にまで縮小することが可能となる。容量を減らすことは，最終的な処分場の負荷をやわらげるためにも重要な視点である。

(1) 可燃ごみのゆくえ

ごみは，パッカー車というごみ収集を専門に行う車を用いてごみ焼却処理施設に運ばれる。ごみは計量された後，ごみを投入するプラットホームという場所に向かって運ばれる。

(2) ごみの量の計量

まず，入口でパッカー車ごとごみの重さを量る。このとき，パッカー車が載っている台が計測器になっていて，重さを量ることができるようになっている。量った重さから，あらかじめわかっているパッカー車の重さを引けば中から出さなくてもごみの運ばれたごみの重さがわかるという仕組みである。

(3) ごみ焼却の仕組み

ごみ焼却処理施設の内部はどうなっているか。順番にみていこう。

① プラットホーム

ごみは計量された後，プラットホームに運ばれる。プラットホームは，パッカー車が乗りつける場所である。プラットホームには，いくつかの投入口があり，パッカー車が集中しても対応できるようになっている。それからごみは，ごみピットと呼ばれる場所に投入される。

② ごみピットとクレーン

ごみピットは，持ち込まれた大量のごみがひとまず積み上げられる場所である。ごみピットは，非常に大きく，パッカー車数十台分のごみをためることが可能である。ピット内に投入されたごみは，次の段階としてごみクレーンで焼却炉に運ばれる。ごみクレーンは巨大なショベルのようなもので，ちょうど巨大なUFOキャッチャーのような姿をしていて管制室から制御される。

③ 焼却炉

炉の中の温度は，800〜950℃である。とても高い温度なので，ごみをほぼ完全に燃やすことができる。

④ 有害ガス除去装置

ごみ焼却の際に発生する有毒ガスを取り除く装置で，炉の中から外に出せない有害なものを取り除く機能を持っている。

⑤ バグフィルター

プラスチックなどを燃やしたときに発生する有害ガスを化学的に処理して無害にする。このフィルターは，細かい灰を完全に取り除く。

⑥ 灰ピット

煙突から灰を出ないようにすることができる。焼却灰は，トラックで最終処分地へと運ばれる。

(4) ごみ焼却処理施設の構成

プラットホーム，ごみピットとクレーン，灰ピットなどは，施設によってはガラス越しに中央制御室から見学することなどを可能にしている場合もある。機会があれば，近くの施設などを見学させてもらうと，現物をみることができて生きた勉強になる。通常，焼却炉内部は，中央制御室のモニターでみることができる。焼却施設では，直接的にごみを燃やす焼却炉ばかりでなく，有害ガス除去装置やバグフィルター，プラント排水処理施設などを備え，公害防止対策にも万全を期さなくてはならない。煙突から出る白い煙の正体は水蒸気で，煙突の高さも近年では50 m近くで設計され，近隣の住宅に配慮している。ごみは焼却されると，約1/10にまで減量された灰となる。この焼却灰は，最終処分地にまで運ばれて埋め立てられる。このように，ごみ焼却処理施設は，受入供給設備(ピット＆ク

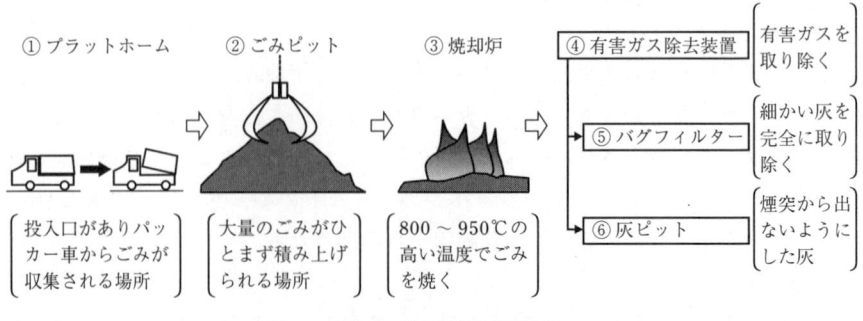

図2.1 ごみ焼却の仕組み

レーン方式)，燃焼設備(ストーカ炉)，燃焼ガス冷却設備(水噴射方式)，排ガス処理設備(乾式有毒ガス除去設備＋有害バグフィルター方式)などの組合せである。

2.3　粗大ごみ処理施設(不燃・粗大ごみ処理施設)

(1) 燃やせないごみの処理
　粗大ごみの多くは，大きく，様々な種類の物質が混じっているためそのまま燃やすことができない。集められた燃やせないごみの中には，まだ鉄やアルミなどの有価物が混じっている(例えば，冷蔵庫など)。不燃・粗大ごみ処理施設では，これらの有価物を機械により分別回収して，資源として再利用を図る。有価物を回収した後のごみは，燃やせるものは焼却し，燃やせないものは埋立により処理・処分することになる。

(2) 粗大ごみの処理手順
　搬入された燃やせないごみ類は，いったんピットで貯留して，まず，破砕機で細かく砕く。次に磁力選別機，アルミ選別機，プラスチック減容機などを使用して，鉄，アルミ，プラスチック類，燃やせるごみ，燃やせないごみなどに分別する。燃やせるごみは可燃ごみピットへ送り，燃やせないごみと減容したプラスチック類は，埋立処分場へ輸送することとなる。回収された鉄とアルミは，それぞれ専門業者を通じて製鉄所やアルミ工場へ送られる。
　選別機では，粗大ごみを破砕しながら数種類(5～6程度)に選別する。この機械では，各種の粗大ごみをその材質を問わず一括で処理することができる。事前に選別する手間が省けるうえ，大型ごみも丸ごと投入できるので，効率の良い作業性が得られる。システムの中では，これらのごみを資源化，埋立処分などに最適な状態にまで処理する。最終的に，可燃物，不燃物，鉄分，アルミ分，プラスチック類の数種類に選別するので，後処理もスムーズに行うことが可能である。受入供給設備，粗破砕機，破砕機，磁選機，破砕用物選別機，非鉄金属選別機，プラスチック減容固化装置，バグフィルターなどが主な装置である。

① 粗大ごみプラットホーム
　不燃ごみ，粗大ごみは，ここで危険物除去などの前処理作業を経て，「不燃ごみピット」，「資源ごみピット」などに一時貯留される。そしてクレーンで「破砕機」や「手選別装置」への供給コンベアへ運ばれる。

② 受入・供給コンベア

不燃ごみピットからの空き缶や，プラットホームで一時貯留された粗大ごみは，このコンベアで「破砕機」へと運ばれる。

③ 回転式破砕機

横軸縦回転型の場合には，不燃性粗大ごみ(家電製品，自転車，トタンなど)や空き缶(スチール，アルミ)を回転する十数種類のハンマーによって細かく砕く。内部はボイラーからの蒸気によって酸素濃度が下げられ，爆発しにくい構造にするなどの工夫がこらされている。

④ 磁力選別機

磁力と永久磁石を利用して，破砕ごみの中から鉄を回収する。複数の機械を通すことにより，非常に高い確率で回収することもできるようになってきている。併用施設(破砕処理)用の装置と自動分別などがある。自動分別装置では(磁性物，不燃物，可燃物，高分子物などを自動的に分別できる技術が発達してきている。

⑤ 破砕物用選別機

鉄類が回収された後の破砕ごみを不燃物，アルミ，可燃物に分類する。内部は「ふるい」のようになっていて，その大きさによって分類される。

⑥ アルミ選別機

磁力選別機を通ったごみ(鉄類を除いたごみ)からアルミ分を分別する。

⑦ 圧 縮 機

回収された鉄，アルミはここで圧縮成形され，保管される。その後リサイクル工場に運ばれ，再利用される。

⑧ 手選別装置

収集された不燃ごみから，ここで不適物とびんとを回収する。指定ごみ袋はここで破袋され，作業員の手によって不適物や鉄分が除かれ，コンベア上でびんが色ごとに回収される。

⑨ バグフィルター

各機器からの粉じんを集め，きれいな空気に変える。

中央操作室では，粗大ごみ処理施設全体の機器の運転状況を示す計器類が集められ，集中管理と遠隔操作が行われる。

2.4 し尿処理施設

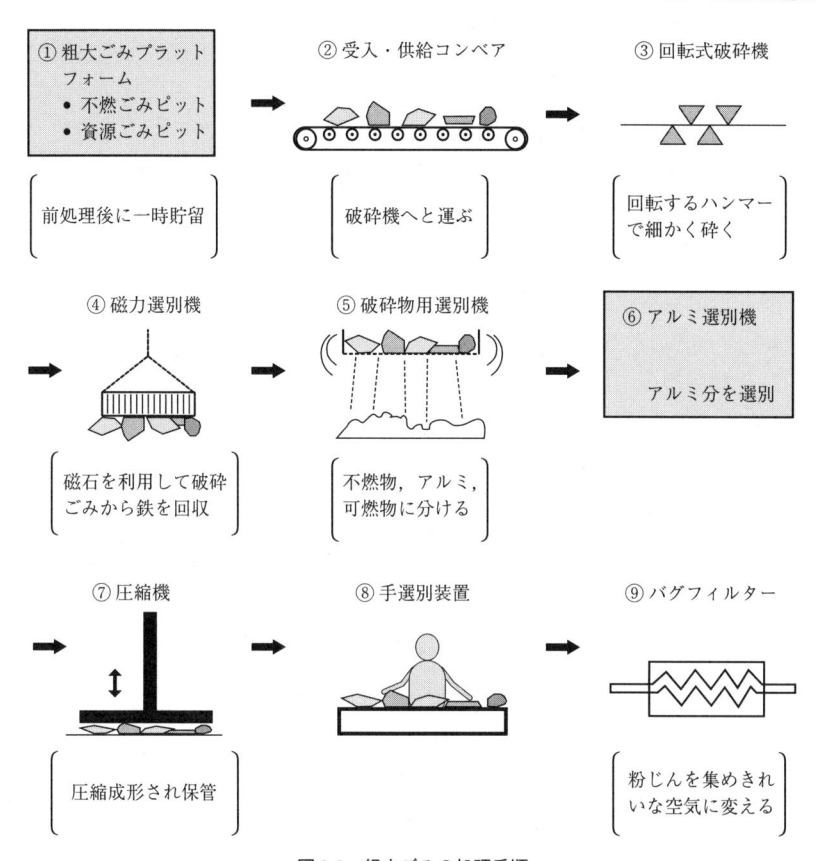

図2.2 粗大ごみの処理手順

① 粗大ごみプラットフォーム
・不燃ごみピット
・資源ごみピット
（前処理後に一時貯留）

② 受入・供給コンベア
（破砕機へと運ぶ）

③ 回転式破砕機
（回転するハンマーで細かく砕く）

④ 磁力選別機
（磁石を利用して破砕ごみから鉄を回収）

⑤ 破砕物用選別機
（不燃物，アルミ，可燃物に分ける）

⑥ アルミ選別機
アルミ分を選別

⑦ 圧縮機
（圧縮成形され保管）

⑧ 手選別装置

⑨ バグフィルター
（粉じんを集めきれいな空気に変える）

2.4 し尿処理施設

(1) し尿処理の背景

　日本におけるし尿の処理の方法は，下水道によるもの，浄化槽によるもの，汲取り収集によるものに大別される。このうち，汲取り収集したし尿および浄化槽における処理で発生する浄化槽汚泥(以下「し尿」)は，一般廃棄物として取り扱われ，現在，その大部分がし尿処理施設において処理されている。し尿の処理には，し尿を無公害化し，多量に含まれる水分を分離して重量・容積を減らす必要がある。し尿処理施設では，主として微生物の働きにより処理を行うとともに，ろ過膜などにより水と汚泥に分離し，処理水を定められた基準に適合するようにして

放流する方法が一般的に行われている。しかしながら，微生物による処理は，し尿を大きな水槽設備に長期間滞留させなければならず，また，複数回の微生物処理や活性炭吸着などの高度処理を要し，処理工程が複雑であるため比較的大規模な施設が必要となってくる。

(2) し尿処理施設

し尿処理施設は，下水道などが整備されていないエリアにおいて活用されている。日本の下水道普及率は，先進諸国と比べても数字上は依然として低く全国平均で60％台であるため，下水道で処理される以外の残りのものについては，し尿処理施設で処理されている。し尿処理については，公共下水道の整備が都市部で進むに伴い，処理量は減少していく傾向にはある。しかし，現在でも引き続き存在する汲取り便所からのし尿や浄化槽汚泥を衛生的に処理していくことが必要である。なお，汲取り方式はかなり減少してきていて，浄化槽方式のものが現在では増えている。浄化槽方式は，下水道がきていない所でも水洗化することができるので衛生的である。

(3) 処理施設の基準

し尿処理施設について，一般廃棄物処理施設の維持管理の技術上の基準(昭46.9厚令35.)で生物化学的酸素要求量(日間平均値)30 mg/L以下，浮遊物質(日間平均値)70 mg/L以下，大腸菌群数(日間平均値)3 000個/mL以下にまで処理することが義務づけられている。また，放流水の水質を生活環境の保全上の支障が生じないものとすることが必要とされている。し尿と浄化槽汚泥は，し尿処理施設内で行われる中間処理の後，公共下水道を経て終末処理場で最終的な処理を行うことになる。この方式は，河川への負担を軽減したり，河川水の浄化にも役立つ。し尿処理施設は，コストの面からも最も合理的なプラントとして，時代を追って段々とコンパクトになってきており，性能も向上していることから，新しい技術を活用することが効率的になってきている。

① 受入設備

バキューム車により各家庭から収集されたし尿や浄化槽汚泥は，投入車室の投入口から受入槽に入る。投入車室入口にはトラックスケールが設置され，搬入量が自動記録される。また，投入車室の前後に自動扉が設置されているほか，バキ

ューム車排臭装置も設けられるなど臭気が周りに漏れるのを防ぐ工夫が施されている。

② 脱臭設備

やはり，し尿は臭いが気になるところである。施設では，臭気の発生源を密閉構造として周囲に臭気の散逸を防ぐとともに，捕集した臭気は酸洗浄，アルカリ性次亜塩素酸ソーダ洗浄，活性炭吸着塔などの組合せによって脱臭対策を行う。

③ 前処理機

前処理では，し尿や浄化槽汚泥の中の布やビニールなどの雑物を除去して以後の処理工程での障害を防止する。雑物は，スクリュープレスと呼ばれる装置で圧縮脱水され，し渣として焼却する。

④ 造粒・濃縮設備

貯留槽に貯められたし尿および浄化槽汚泥は，ポンプにより造粒・濃縮設備に送られ，薬品により濃縮処理を行う。汚泥の凝集は，数種類の薬品を使用して行う。造粒濃縮した汚泥は，汚泥と上澄液に分離され，汚泥は脱水機に送られ，上澄液は後貯留槽に送られる。

⑤ 汚泥脱水機

造粒濃縮された汚泥は，ベルトプレス型脱水機と呼ばれる脱水機などで脱水する。これにより低含水率の脱水ケーキが得られる。脱水ケーキは，コンベアで汚泥ホッパと呼ばれる貯留場所に送られる。また，脱水ろ液は後貯留槽に送られる。

⑥ 希釈・放流

上澄液と脱水ろ液は，工業用水で一定の割合で混合し，下水道放流基準値以下に希釈し流す。

⑦ 下水処理場

放流された処理水は，流域下水道終末処理場などでさらに処理される。

⑧ 汚泥ケーキホッパ

汚泥ホッパに貯められた汚泥ケーキは，専用のダンプカーで工場ごみ処理施設へ運び，乾燥焼却する。

汚泥処理センターとは，従来のし尿処理施設の機能に加え，生ごみなどの有機性廃棄物を受け入れ，堆肥化，メタン発酵などによるエネルギー回収で汚泥・有機性廃棄物の有効利用を図る施設のことである。生ごみをはじめとしてし尿など

廃棄物の多くは，有機物に富んでいる（つい50年前までは，し尿は肥料としても大活躍してきた）。堆肥化による汚泥のリサイクルと，メタン発酵によってエネルギー回収することも可能となってきていて，温室効果ガスの削減にもつながる。

(2) し尿処理施設の将来展望
■活性汚泥(バクテリア)と薬品による処理

　新しい環境技術としてはどのようなものがあるだろう。ここでは微生物によるし尿処理についても触れておこう。これまで地球が始まって以来，多くの生物が生き死んでいった。その間に体の数倍の量のいわゆる排泄物を出してきているはずなのである。本当ならば，この地球はほとんど生物の排泄物で埋めつくされているはずである。ところが普段，人々が暮らしている生活の場にあまり排泄物はみかけない。これらは一体どこに消えてしまったのであろうか。実は，これらはバクテリアなどの生物が分解してくれることによって土に戻され，我々の目にみえない状態となって，また自然のサイクルの中に取り込まれていっているわけである。

　現代では，この役目を人工的な機関である下水施設が行っている。この下水施設は，幹線管渠，ポンプ場，終末処理場により構成される。下水施設の中で実際に有機物を分解してくれているのは活性汚泥であり，微生物の固まりである。このように環境を良好に保つために，現代では科学技術と原始的な微生物の組合せのような複合的な方法が取り入れられている。

■小さいこと(コンパクト)はいいことだ

　ここでは流域下水道を例にとって少し考えてみよう。流域下水道とは，2つ以上の市町村の区域にわたり下水道を整備する方が効率的であると考えられる場合につくられる。下水道法に基づく下水道のうち，1つの河川流域に存在する多数の市町村区域にまたがって流域単位で都道府県が設置するもので，幹線管渠と終末処理場からなる。かつてテレビのCMにあったように，「大きいことはいいことだ」といわれた時代には，多くの地方自治体が共同の事業として市域をまたがって処理水を受け入れる流域下水道の考え方がもてはやされた。

　しかし実は，下水にかかる巨大な費用の多くは，処理が行われない管渠(地下の長いトンネル部分)の費用に費やされるのである。つまり何も処理を行わない長い長い管をつくるのに，ものすごく巨大なお金が使われているということでも

ある。むしろ，し尿が発生した後すぐ地域で処理できるコンパクトなコミュニティプラントの方が下水道類似施設として有効であるというのが最近の考え方でもある。

　下水道をめぐる行政というのは，これまで専門家だけで設計が行われ，建設業者に工事の発注が行われてきたわけであるが，住民側の立場に立って事業の中味をチェックされる必要がある。これを情報公開という。

　日本の下水道は，世界の先進諸国に100年遅れているといわれているが，しかし本当にそうなのだろうか。これまでの下水道の発想というのは，発生した汚水を都会からなるべく早くみえないところに流してしまうことが下水道の考え方であった。昔のフランス映画などで，下水道の中を主人公が逃亡するシーンなどがあるが，パリやロンドンが早くから下水道を整備した理由には，中世からのペストなどの疫病の流行が理由に挙げられる。

　しかし，昔の下水管のようなただ長いコンクリートの巨大な費用がかかるものをつくるより，汚れた水をなるべく発生源の近くで処理して，川などに戻すやり方の方がより費用もかからず環境に対する負荷も低い。こうした考え方は，これからの環境問題への取組み方としてより重要となってくるだろう。

2.5　リサイクルセンター(リサイクルプラザ)

(1) 資源化施設の機能

　リサイクルセンター(リサイクルプラザ)とは，資源化施設のことである。この施設は，資源ごみの中から金属やガラスを種類別に分け，リサイクルする役目を持っている。本来，資源ごみは，各家庭できちんと分けて出すことによって，ごみにならずに貴重な資源としてよみがえらせることができる。空き缶は磁石で鉄とアルミに分けられ，空きびんは色別に分けられる。粗大ごみと不燃ごみは，破砕機で細かく砕いて，風力や磁気などで可燃物と不燃物に分ける。その後，可燃物については清掃工場に送り，不燃物は埋め立てる。缶やびんなどの資源ごみは集めて業者に引き取ってもらう。缶は1日に数十t近く処理することができる。施設では，粗大ごみや不燃ごみも約1/3から1/5にまで減量できるため，不足している最終処分場の延命に効果を上げている。

　リサイクルセンターは，工場棟と管理棟から構成されているが，この中の一部を見学施設と開放するという形態をとる施設が増えている。また，管理棟に牛乳

パックからハガキや廃油からせっけんをつくるなどの実習コーナーを設け，市民にリサイクルを体験してもらうようなタイプもある。人々の環境への意識を高める役割を持つようになってきている。

(2) 不用品・再生品の利用促進活動

リサイクルセンターでは，再生品の展示・紹介を通じて再生品の利用を促進し円滑なリサイクル活動が進められるように努めるなど地球にやさしいライフスタイルの提案を視野においた展開が最近では出てきている。粗大ごみとして収集される家具の中から，まだ使えそうなものは修理工房で修繕し，展示・販売する機能なども全国的に採用されるようになってきている。

(3) リサイクルセンターでのサービスの展開例

地方自治体が運営するリサイクルセンターには，ごみ削減を狙って一般市民に再生した粗大ごみを無料提供することなどで好評を得ている施設もある。家具や家電製品など再生した粗大ごみを無料で入手できるため，「掘り出し物」を求める市民の評判が高まり，週末には家族連れでにぎわう例もある。長引く不況で節約意識が高まり，リサイクル気運も定着してきている。

東京都内のリサイクルセンターでは，毎月約数十点たんすや応接セットなどの家具，テレビや洗濯機などの家電製品が並べられ，消費者が希望する品物の番号を申込書に記入し，抽選に当たれば入手できる仕組みなどを取り入れている。無料とあって競争倍率も高く，仕事の合間に訪れるサラリーマンが単身赴任の間だけ動けばかまわないということで，ビデオデッキを申し込んだりする例もある。横浜市内のリサイクルプラザの例では，再生した粗大ごみを無料で提供するほか，家庭から出る使用済みの食用油を粉せっけんに再生したり，紙パック容器からはがきをつくるなど，消費者が自らリサイクルを体験できるコーナーも備えている。大阪府内のリサイクルセンターでは，手を加えれば十分に使える粗大ごみを展示して，利用者が修理すれば無料で持ち帰ることができるサービスなどもある。修理用の工具を完備し，指導の係員もいて土日には家族連れでにぎわっている例もある。

2.6 最終処分場

　次に，最終処分場について考えてみることにしよう。最終処分場というのはリサイクルされなかったり，燃え残ったり，し尿以外のごみが最後に行き着くところといったらよいだろう。ごみの燃えかすや，燃えないごみを運んできて埋め立てる場所である。技術的には活性汚泥処理＋凝集沈殿＋急速砂ろ過＋活性炭吸着などを組み合わせる。

(1) 最終処分場

　収集の過程で業者が徹底的に有用物の回収を行ったとしても，残りの25％近くは，ごみ処分場にまわされる運命にある。焼却をはじめ，圧縮，破砕，脱水などのごみ処置の全過程の中では，中間処理ないし，前処理といわれ，焼却残灰や，圧縮，破砕，あるいは脱水された後のごみの大半は，再利用のために選別回収されるものを除いては，埋立による最終処分にまわされる。

　日本の廃棄物排出量は，一般廃棄物で約5 236万 t/年，産業廃棄物は一般廃棄物の8倍の約4億600万 t/年となっている。これらの廃棄物は，焼却，破砕・選別による資源化，堆肥化など中間処理により減容化され，約1億 t/年が最終処分場まで運ばれている計算になる。つまり，一般廃棄物と産業廃棄物を合わせた約4億5 836万tのごみのうち，圧縮されたりリサイクルされたりした後の1/4が最終処分場に埋められている計算になる。一方，最終処分場の残余容量は，減少の一途をたどっている。

　排出事業者の努力により産業廃棄物の発生量は減少傾向にあるものの，発生量の高水準での推移や廃棄物処理施設の立地の困難さなどは，引き続き大きな課題となっている。

① 処分場の種類

　処分場には，大きく分けて一般廃棄物処分場と産業廃棄物処分場がある。産業廃棄物処分場は，さらに安定型，管理型，遮断型に分類することができる。

② 管理型最終処分場の浸出水漏水防止対策

　管理型最終処分場の埋立地内に降った雨は，廃棄物に接触することで浸出水となる。この浸出水は，周囲の環境への影響が懸念されるため，特に慎重に扱わなくてはならない。これは浸出水排水管などで集水され，浸出水処理施設で処理し

た後，下水道または河川に放流されることになる。この埋立処分場から発生する二次汚染物である浸出水が地下水へ接触することは，環境汚染につながる。この浸出水が地下水へ接触拡散するのを防止し，周辺環境に影響を及ぼさないようにすることが浸出水漏水防止対策である。最終処分場からの浸出漏水防止対策を維持するためには，「遮水工」，「浸出水処理施設」，「雨水集配水施設」などで構成された施設がシステムとして有機的に機能し，また管理されなければならない。遮水工は，表面遮水工と鉛直遮水工に分類され，一般に管理型最終処分場においては表面遮水工が多く採用されている。

③ 処分施設の問題

　東京都の中央防波堤の海側には巨大な東京都のごみ最終処分場がある。かつてこの中では，毎日，ゴキブリ，ねずみ，蠅が大量に発生していた。その殺虫剤の費用には1日100万円以上かかっていたという話もある。最近では最終処分の方式が改良されたのでこのようなことはないが，かつては埋め立てた地層の内部から発生するメタンガスで野火のように処分場内で火事がしょっちゅう起こっていたということである。

　東京臨海副都心周辺部は，現在はおしゃれスポットとして有名だが，その沖合では大量のごみ処理が毎日行われている。このスペースが完全に埋まってしまうと東京都は港湾区域を広げなくてはならない。

　自治体にはその経路を明かしたがらないところも多い。1989年には千葉県の家庭ごみを含んだ一般廃棄物が青森県にまで運び込まれ，一騒動になったこともある。

④ 中央防波堤埋立処分場

　東京都の中央防波堤埋立処分場は，江東区地区と海底トンネルで結ばれ，東京港の中央防波堤によって内側埋立地と外側埋立地に区分されている。内側はすでに埋立が完了し，管理施設や中間処理施設などが設置され，外側処分場で現在埋立が行われている。

写真2.1　中央防波堤埋立処分場の風景

⑤ 新海面処分場

外側処分場の両側水域を中心に海面処分場を新たに建設したものである。こちらの方は，1992(平成4)年に港湾計画に位置づけられ，1996(平成8)年に埋立免許が取得され，1998(平成10)年12月よりAブロックへの廃棄物埋立が開始されている。容量は1億2 000万 m^3 に及び，海域に残された貴重な処分場地としてなるべく長く利用していくことが望まれる。

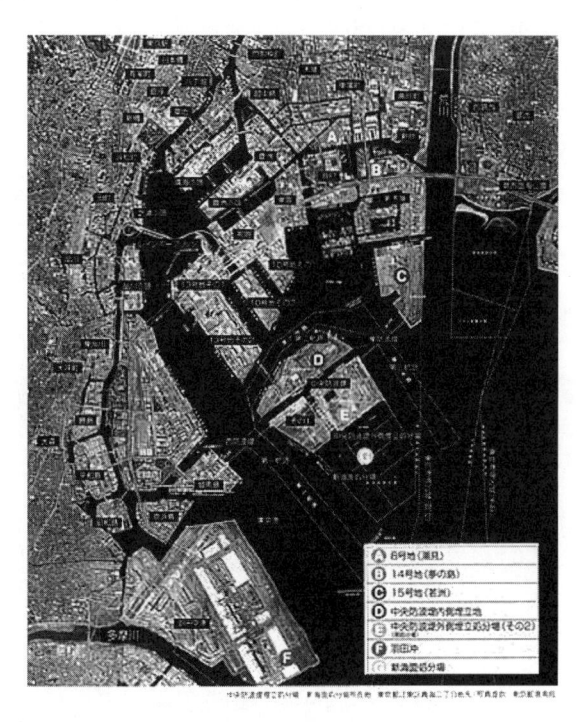

写真2.2　東京湾の埋立処分場の位置
(出典：東京都)

⑥ 東京23区のごみ状況

東京23区のごみ発生量は，大量生産・大量消費の時代背景をうけて，1985(昭和60)年頃から急増し，1989(平成元)年には年間約490万tになった。その後，社会的な景気後退の影響から9年連続でごみ発生量は減少を続け，1998(平成10)年度には392万tになり，1985年以降13年ぶりで400万tを下回っている。

⑦ 23区内のごみ処分

　排出されたごみは，資源となるものを除き，可燃ごみは焼却，不燃ごみは破砕などの中間処理が行われている。しかし，最終的な処分場は必ず必要となる。東京都ではこれまで，最終処分場の用地として東京港内にその用地を確保してきた。中央防波堤外側埋立処分場は，可燃ごみの全量焼却やリサイクルなどによるごみ量の減少によりこのエリアにおけるキャパシティは一定量を保持しているものの，いずれその容量がオーバーするのもそう遠い将来ではないというのが実態である。しかし，この地ももう満杯となるため，新たに設置した新海面処分場において，その後のごみ最終処分場としての役割を担っていく予定であるが，東京湾内において東京都が確保できる処分用地は限界に近づいており，おそらく新海面処分場は，東京都の海域内での最後の最終処分場になると考えられている。

　写真2.2でみるように，東京都の港湾区域では，すでにかなりの部分埋め立てられてしまっているので，もうあまり余地がないのである。隣の海域は，千葉県と神奈川県の港湾区域で，そこまではみ出すわけにはいかない。

写真2.3　埋立処分場の断面(ごみがサンドイッチ状に層になっている)

(2) ごみから発生する化学物質による環境破壊

　ごみの中には，公害の原因になりうるものも含まれている可能性がある。最終処分場にある化学物質が土壌汚染につながりかねないし，またごみを燃やすとき

に発生する有毒ガス，化学物質などは環境破壊につながる可能性が大きい。

① 大気汚染

一方，大気の汚染を考える場合に検討する必要が出てくるのが，硫黄や硝酸などがもたらす地域的な大気汚染である。地球規模でみた場合，環境汚染として問題になっているのは，二酸化炭素やメタン，窒素酸化化合物などが地球全体を覆って地球の温暖化が進むことである。また近年，たいへん注目を浴びているものとして，ごみ焼却施設から発生するダイオキシンの問題がある。

② 環境省による調査

1998(平成10)年に環境省(当時は環境庁)の行った調査によれば，ダイオキシンは，ディーゼルトラックや産業廃棄物の小型焼却施設から高濃度で検出されるということである。排出されるダイオキシンの約9割が廃棄物焼却施設から，また1割が産業活動から排出されているということから，環境省は焼却施設についてばいじん規制を強化している。しかし，全国にある約9万基の小型消焼却施設については，その対応が途についた段階であり，これから地域へのアカウンタビリティ(説明力)を確保しながら十分に対応していくことが不可欠となってきている。

③ ダイオキシン(ベトナム戦争枯れ葉剤)

近年，ダイオキシン問題が社会的にも大きな関心事となり，一般市民の環境に対する意識や関心が高まってきている。ダイオキシンは，ベトナム戦争でアメリカ軍が大量に散布した枯れ葉剤の中に含まれていて，戦後ベトナムで奇形児の誕生が多発したことから世界的な注目を浴び，その恐ろしさが知られるようになった。ダイオキシンは，ポリ塩化ジベンゾダイオキシン類(PCDD)の総称のことをいう。ダイオキシンは，同族体，異性体があるが，四塩化物が毒性，催奇形性ともに史上最強の毒性であるといわれ，25 mプールの中に1滴落ちたのみでプールにいる人間全員を殺傷することができるといわれている。

環境省では，「非意図的生成化学物質汚染実態追跡調査」で調査を行っており，日本の場合にはごみ焼却炉の煙突からの排気が原因で，広範な地域で土壌中，底質に蓄積していることが分析されている。2000(平成12)年1月には**ダイオキシン類対策特別措置法**が施行され，健康に影響がないとされる耐容一日摂取量は4 pg/体重·kgとされている(1 pgは1兆分の1 g)。

これに対応するため1999(平成11)年，大気，水質，土壌について環境基準を設け，鉄鋼，パルプなど12分野の施設に排出規制が行われるようになった。環

境基準は，人の健康を保護するうえで維持することが望ましい数値として水質1 pg/L，大気0.6 pg/m^3，土壌1 000 pg/gとなる。発生の主な原因は，塩化ビニルなど塩素系化合物の燃焼であり，特定の温度域で大量に発生することがわかっている。

1997(平成9)年には大気汚染防止法の規制物質に指定するなど規制を進めているが，全国のごみ焼却場の全面調査と施設の改編という大問題を抱えている。

■ダイオキシン類対策特別措置法

対策特別措置法は，ダイオキシン類の規制措置を定めた法律のことで，1999(平成11)年7月に成立し，2000(平成12)年より施行されている。法律によって大気，水質，土壌の汚染について国が環境基準を定めている。また，最近問題となっているごみ処理，焼却施設などからの排出基準を定めるほか，焼却施設などが集中している地域については，排出総量を規制する方式がとられる。

この法律によって各知事は，汚染状況を常時監視し，排出基準を守らないおそれのある事業者に対しては，事業停止を含む改善命令を出すことができるようになった。1999年2月，埼玉県所沢市の汚染状況を取り上げたテレビの報道番組をきっかけに埼玉県産の野菜価格が暴落し，大きな騒ぎになったことも法制定を急がせる要因になったとみられている。

2.7 安全性の確保

(1) 環境リスクのとらえ方

ダイオキシンや最終処分場からの浸出水などの問題からもわかるように，環境問題の中でも安全面は近年たいへん重視されるようになってきている。安全性の確保のために，**環境リスク**という言葉も使われるようになってきている。このリスクという概念は，将来において予期できない出来事を完全に回避することは不可能なので，その発生の確率と影響の大きさの程度に応じて対応しようというものである。今日の環境問題は，世の中で幅広く使われている化学物質による健康や生態系への影響，気候変動などの地球環境問題など様々な要因が複雑にからみ合っており，原因物質の影響を完全に予見し，すべてを規制することはきわめて困難である。

このような不確実性が伴う環境問題に対して，確率論的な考え方を用いて対処していくのが環境リスクの概念である。すなわち，社会全体に化学物質によるリ

スクが存在することを前提に，そのめざすべきリスクレベルについて関係住民や組織と合意形式を図りながら環境問題の発生を最小限に抑えていこうという考え方である。

環境リスク対策は，科学的な知見によってリスクの発生確率を推定し評価するリスク・アセスメント，環境リスクを低減させるためのリスク・マネジメント，リスクに関する情報や認識を国民や事業者などと共有し適切な行動を促すためのリスク・コミュニケーションによって構成される。化学物質における環境リスク対策の一つとして，**環境汚染物質排出・移動登録制度(PRTR)**がある。日本でも1999(平成11)年7月にこの制度が法制化され，環境にリスクを与える可能性の高い廃棄物については，その移動量を把握していくことが重要になってきているといえるだろう。

(2) あるべき「循環型社会」をめざして

日本においては，2000(平成12)年6月にできた「循環型社会形成推進基本法」をはじめ各種のリサイクル法が制定されて「大量生産・大量消費・大量廃棄」型の経済社会から脱却して，生産から流通，消費，廃棄に至るまで物質の効率的な利用やリサイクルを進めた環境への負荷が少ない「**循環型社会**」形成への取組みが進められているところである。

人が普段生活していくうえで欠かすことのできないものとして，また社会基盤としてのごみ関連の施設は，循環型社会を構築するうえで重要な位置を占めている。20世紀は，科学文明の発展とともに，大衆消費社会が花開いた世紀であった。人間の消費に対するあくなき追求が経済を発展させ，経済活動は国境を越えてグローバル化してきた。同時に，資源の枯渇や地球規模の環境汚染といった問題が現実のものになってきた。

21世紀になった今，身の周りにごみがあふれ，ダイオキシンや環境ホルモンなど新たな環境問題が次々と出現している。環境基本法をはじめとして，日本では1990年代に矢継ぎ早にリサイクル関連の法律を制定し，社会も環境問題を重視する方向にシフトしつつあるかにみえる。また，大手企業は，環境マネジメントを取り入れ，リサイクルしやすい製品づくりに取り組むようになった。全体として再生品の利用も徐々に拡大しつつある。リサイクル活動に取り組む市民も少なくない。ごみの量も抑制の傾向にある。しかし大局的にみれば，依然として使

い捨ての商品が大量に消費され，自治体がそれらの処理に難渋している状況は変わっていない。

(3) リサイクル社会への対応

循環型社会あるいはリサイクル社会という言葉は耳障りが良いが，実は「使いっぱなし捨てっぱなし」の便利さを放棄しなければならない，ある意味で不自由な社会を実現しようということでもある。

リサイクル社会の実現は，ある意味ではあくなき欲望と利益の追求の再生産に歯止めをかけて，節度ある生産と消費が行われる社会の構築も意味している。日本の歴史には，ほぼ国内の資源だけで生産を賄い，し尿から薪炭の灰までリサイクルする仕組みが経済的なシステムとして成立していた時代があった。高度な消費社会が以前のそのような時代に戻ることは難しい。外国に範を求めるばかりでなく，日本型のリサイクル社会の源流に目を向けることも必要である。こうした中から，21世紀のあるべきリサイクル社会のモデルは，歴史の中に求めることも可能であるという考え方が登場してきている。特に江戸時代におけるし尿の肥料への活用などは，江戸時代の日本が循環型社会を一時実現していたことも示している。日本に来た外国人が日本の街の清潔さに驚き，水鳥と共存した美しい自然の中で生活する日本人の姿を記述している文献も残っている。

2.8 不法投棄の問題

(1) 早急な解決の必要性

ごみ処理にはお金がかかる。かといってすべてのごみを公共が引き受けることは難しい面があり，多くの産業廃棄物の処理業者がいる。問題のある業者の中には，安易に儲けるためにコストのかからない不法投棄をする者もいるのが現状であり，ある意味で行政とのいたちごっこになっている。

このうち，不法投棄の問題は，早急に解決を図らなければならない重要な課題であり，日本が本格的な「循環型社会」を構築していくうえでその解決が不可欠である。これまで不法投棄などの頻発が国民の産業廃棄物に対する不信感を高め，その結果，処理施設の立地がますます困難化し，施設の不足が不法投棄などを惹起し，住民の不信感をさらに高めるという悪循環に陥ってきたといえるだろう。こうした悪い循環を断ち切るため，1997(平成9)年および2000(平成12)年に「廃

棄物の処理及び清掃に関する法律」(昭和45年)の改正が行われ，様々な対策が講じられている。引き続き不法投棄の根絶に向け，排出事業者責任を基本として，行政，事業者，国民が協力して取組みを進めることが必要となってきている。

(2) 廃棄物の減量化の必要性

不法投棄対策は，法に基づく規制や取締りのみでなく，廃棄物の減量化の推進，適正な処分・リサイクル体制の確保，優良な処理業者の育成など産業廃棄物全般の施策と一体となって進めるべきものである。不法投棄はさせないという社会環境をつくり上げていくことや，個々の不法投棄事案に対しては，監視の強化などによる未然防止対策がまずは最も重要であろう。いったん不法投棄がなされた場合には，早期に法的効果を伴う行政処分を行うなど不法投棄の拡大を防止しなくてはいけない。

(3) 産業廃棄物の原状回復

不法投棄された産業廃棄物の原状回復は，その原因者らの責任で行わせるのが

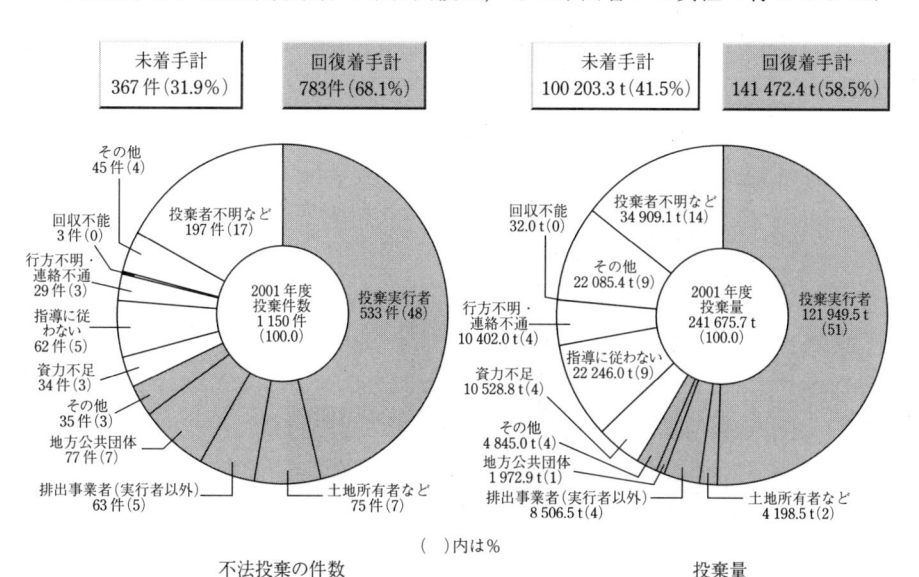

図2.3 不法投棄された産業廃棄物の件数および種類(2001年度)
(出典：環境省)

原則であり，特に生活環境保全上の支障がある場合には，速やかな対応が必要である。原状回復にあたっては，不法投棄の行為者のみでなく，関与者や排出事業者の責任も徹底して追求し，なおそのうえで，行為者が不明，あるいは原状回復を行わせる資力がない場合には行政および事業者の協力のもとで円滑な原状回復の推進を図ることが必要である。不法投棄を行うような会社は資金的にも行きづまっていることが多いので，やはり行政の出番となってしまうということでもある。

産業廃棄物の不法投棄件数については，1993(平成5)年(279件)以降急激に増加しており，1996(平成8)年に719件，1998(平成10)年には1 197件にまで増えた。その後若干減少したが2001(平成13)年には1 150件と再び増加している。

一方，投棄量は1993年では34.2万tであったが，1996年にいったん21.9万tにまで減少した。その後1997年には再び増加(40.8万t)し，おおむね40万tレベルで推移してきている。2001年には件数は1 000件台と増えている一方で，投棄量は24.2万tにまで大幅に減少した。

不法投棄の実施者としては，排出事業者によるものが全体の約43％を占め，無許可事業者が約15％である。

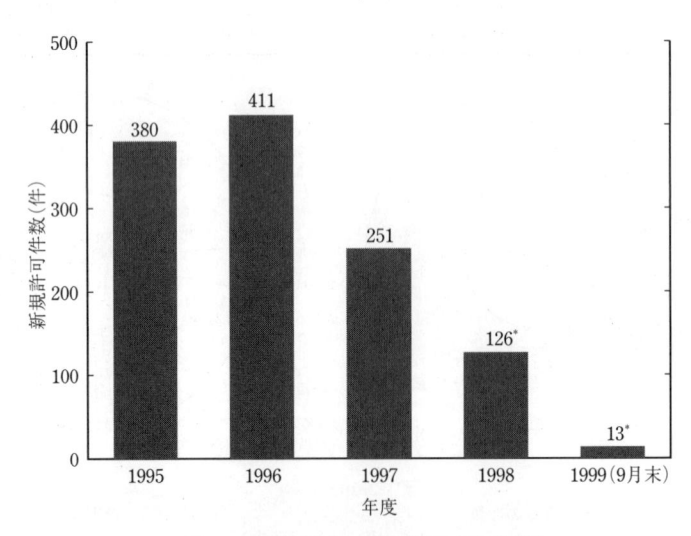

図2.4 産業廃棄物の焼却施設の新規許可数
＊1999年10月時点の聞き取り調査によるもの。
(出典：環境省)

投棄量では，排出事業者によるものが51％，無許可事業者によるものが約19％である。

産業廃棄物の焼却施設や最終処分場をつくる場合には，許可が必要である。新規の許可件数は年々減ってきており，特に1997年の廃棄物処理法の改正後は，許可件数が急激に減少している（図2.5）。このままの状態で新たな最終処分場が建設されないと，あと数年程度で最終処分場はなくなってしまう可能性もある。このような状況が続くと，国全体の産業経済活動にも支障を及ぼすことが考えられる。

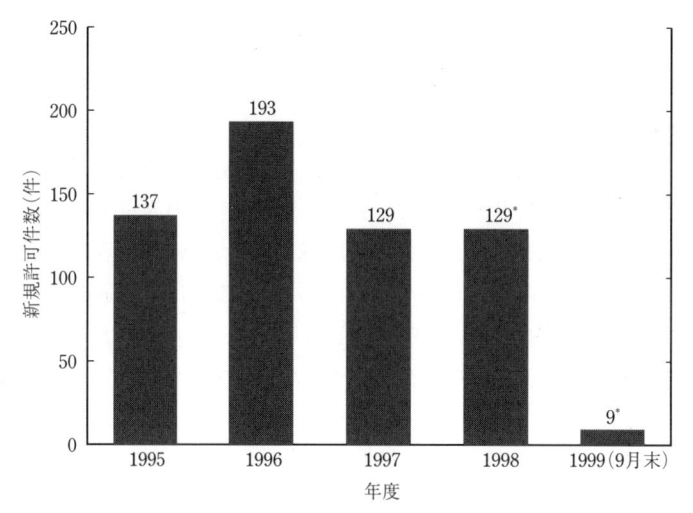

図2.5 産業廃棄物の最終処分場の新規許可数
＊1999年10月時点の聞き取り調査によるもの。
（出典：環境省）

2.9 広域移動の問題

(1) 処分場不足からの広域移動の発生

首都圏や近畿圏などの大都市では，土地が不足していたり地価が高かったりするため，焼却炉などの中間処理施設や最終処分場を確保することが難しくなっている。そのため，廃棄物をその地域の中で処理することが難しく，一般廃棄物も産業廃棄物もその多くが都道府県域を越えて運搬され処分されていることは第1章でもふれた。

特に首都圏では最終処分場の確保が難しくなっており，一般廃棄物，産業廃棄物ともに首都圏外への依存が高まってきている。

廃棄物を受け入れている地域では，廃棄物が不法投棄されたり，それによる環境汚染が引き起こされたりした場合には，他の地域で発生した廃棄物を搬入することそのものに対する不安感や不公平感が高くなっている。一部の都道府県では，他の県からの廃棄物の搬入を制限する動きもある。

なお，近畿圏においては，広域臨海環境整備センター法に基づいて，1982（昭和57）年に大阪湾広域臨海環境整備センターが設立され，大阪湾の中に最終処分場を整備し，近畿2府4県の168市町村で排出される廃棄物の最終処分を行うフェニックス計画が行われてきた。

(2) 収集運搬の積替・保管は許可が必要

廃棄物の処理及び清掃に関する法律には，「産業廃棄物の収集運搬を業として行おうとするものは，該当業を行おうとする区域（運搬のみを業として行う場合にあっては，産業廃棄物の積卸しを行う区域に限る）を管轄する都道府県知事の許可を受けなければならない」と定められている。これは，普通の運搬業者は原則産業廃棄物を収集運搬してはならないとする一方，許可を得たものに限ってこの禁止を解除するという意味である。こうした制度を許可制というが，許可を受けたものでないと行ってはいけないということである。車の免許が例としてわかりやすいが，許可を受けていない者以外が車を運転してはいけない。無免許運転は危険であるし，周囲にも迷惑であるからである。

だから，産業廃棄物の運搬も知事の許可を受けていないものが行うことは違法ということになる。この法律では運搬の場合には積卸しを行う，その場所を管轄する都道府県知事の許可が必要という意味であり，東京都内で産業廃棄物の積卸しを行う許可は，東京都知事から受けなくてはならなく，その業者がもし免許を受けていない他県で積卸しを行う場合には，違法になる。

ここでいう積卸しとは，運搬車両から産業廃棄物を積み込んだり卸したりする行為のことであるが，産業廃棄物を排出する事業の場所での積込み，中間処分場や最終処分場で卸す場合だけに適用し，運搬途中の積卸しについては除くとは書いていない。したがって，運搬途中で積卸しを行う場合にも，当該場所を管轄する知事の許可が必要である。

この積卸しには車両から地面へ卸すことなく行われる運搬車両から運搬車両への「積替え」も含むことになる。収集運搬業は，これらの基準を守り，生活環境に支障が生じないように積卸しをしなくてはならず，好きな場所で自由に積替えを行えば生活環境に支障を生じることになる。このように，不法投棄に対しては反則ルールをきちんと適用して，責任を明確にしていくことが最終処分場を運営していくうえでの指針として欠かせない。

参考文献

1) 経済審議会社会資本研究会：社会資本研究委員会報告書，pp.66表1-2，1969
2) 山口哲夫：ごみと清掃行政，労働大学，1991
3) J・スキット(森勇訳)：ごみ・産業廃棄物処理技術，工学図書，1975
4) 佐伯康治：現代技術体系と廃棄物，日刊工業新聞社，1980
5) 藤井勲：廃棄物処理業の現況と将来展望，同有館，1992
6) 本多淳裕：建設系廃棄物の処理と再利用，省エネルギーセンター，1990
7) 森昌文ほか：建設副産物・廃棄物の処理と再利用：講演録
8) 前田慶之助：産業廃棄物埋立の手引き，日刊工業新聞社，1976
9) 自治体問題研究所：ごみ問題解決のゆくえ，自治体研究社，1987
10) 盛岡通編著：環境をまもり育てる技術－自治体・地域の環境戦略6－，ぎょうせい，1994
11) 本田雅和：巨大都市ゴミと闘う，朝日新聞社，1990
12) 山根良一：地球を救うエコマテリアル都市，徳間書店，1995
13) ジ・アースワークスグループ編：地球を救うかんたんな50の方法，講談社，1989
14) 環境省大臣官房廃棄物・リサイクル対策部産業廃棄物課適正処理推進室：環境省報道発表資料産業廃棄物の不法投棄の状況(平成13年度)について，2002.12
http://www.env.go.jp/press/
15) 旧厚生省水道環境部：ごみのお話
http://www.env.go.jp/recycle/waste/index.html

③ ごみをめぐる経済メカニズム

3.1 ごみとビジネスの関係
3.2 外部不経済はどのように把握するのか
3.3 「エントロピーの法則」への挑戦
3.4 規制緩和が生む民間のビジネスチャンス
3.5 環境ビジネスの市場予測
3.6 エコロジーとビジネス
3.7 ごみをめぐるビジネス戦略
3.8 ごみの経済的対策
3.9 今後成長が期待できる環境ビジネス
3.10 環境ビジネスの振興

回転式破砕機用のハンマーと圧縮された金属缶

第3章　ごみをめぐる経済メカニズム

3.1　ごみとビジネスの関係

(1) 静脈産業としてのごみビジネス

　本章では，ごみをめぐる経済メカニズムについて解説していこう。これから日本を先導する産業として期待され，伸びることが予想されている情報・通信産業などが動脈産業であるとすれば，医療・福祉産業とごみを含めた環境ビジネスは，どちらかといえば静脈産業に相当する。日本の産業の中でこれまで主役をになってきたとは必ずしもいえない静脈産業がこれからどれくらいまで成長できるのだろうか。

　その市場規模は，環境省によれば2000（平成12）年には29兆2 000億円だったものが，2010年には47兆2 000億円，2020年には58兆4 000億円になると予測されており，これからは，ごみに関するビジネスについても注目が集まってくるといえるだろう。また，技術は経済と密接な関係を持っていて，本来なら都市や地域，地場性との結びつきが強いものである。例えば，イタリアの産業は小規模であるが，都市国家的にミラノであればファッション，コモであればスカーフなどのブランド品，モデナならランボルギーニといったように町自体が世界に対して競争力を持っている。日本の繊維業では，ユニクロのような品質に比較しての安売り感で勝負するファッション業しか高い成長を遂げてきている企業をみることができない事態になっていて，かつての繊維業王国は，中国に全くその座を譲ってしまっている。繊維業界に限らず，機械，家電あらゆるものが，例えばイタリアのように都市単位で勝負することはほとんどできない状況であり，一つの町が世界と勝負するということは非常に難しくなっている。苦しみながら食器などでこれまで何度も円高の危機を乗り越えてきた燕三条市や大田区の町工場のような例外的な都市はあるものの，かつての鉄鋼の町や，重化学工業，精密機器の生産拠点だった都市群は衰退し，イタリアとは全く逆の座標であるともいわれる。こうした中，ごみというあまり顔や地域的な特性の薄い産業がどれくらい元気なものとなりえるのか，筆者は幾分疑問にも思うのである。

(2) ごみと経済

　本来，金融は，持てる者から持てない者へお金を流す仕組みである。日本はずっと銀行を主体とした間接金融で行ってきたから，会社が自分の信用で証券や債

券を発行してお金を調達する直接金融が育つのがだいぶ遅れてしまった。また，1980年代に金融のグローバル化にきちんと対応してこられなかったことから，1990年代は不良債権問題など金融システムの欠陥とバブルのために10年以上にわたる金融不況に見舞われ，いまだに日本は苦しんでいる。

　ごみに関していえば，お金のように持てる人が持てない人にあげたからといって利子がもらえるわけでも両者がハッピーになるわけではない。ごみは目の前から消えることに価値があって，これまでは経済の外にあったものである。いわば**外部不経済**であって，基本的な経済のシステムには乗らないものとこれまで考えられてきた。しかし，その考え方を根本的に改めずにいわゆる「神のみえざる手」にまかせて，儲けたい人が好きなだけ大量生産し，好きなだけ捨て続けることは，人間自身の首を締めることになり，我々にとってたいへん不利益であることが近年理解されるようになってきた。

　また，発想を転換させて単なる外部不経済から経済のシステムにうまく乗せることによってビジネスにつなげることができるという発想も生まれつつある。意識や流通システムを変化させることによって，「使い捨てカメラ」と呼ばれていたものを「リサイクルカメラ」という商品に5年間で変えることも可能である。人間の意識を変化させることで，ごみは資源に変えることもできる。

(3) 外部不経済としてのごみ

　二酸化炭素（CO_2）の排出や騒音，振動，大気汚染など公害は，経済活動に伴い地域に引き起こされるマイナスの効果であり，外部不経済と呼ばれるものである。例えば，ある産業がもたらすマイナス要因が他の農業など産業の算出高，費用，価格にマイナスの影響を与える場合，市場取引を通さない他産業への影響として外部不経済は取り扱われる（一方，市場取引を通さないプラスの影響を与えるものは外部経済である）。

　ごみは本質的にはこの外部不経済であり，ごみ関連事業もマーケットと多いに関係がある。1997（平成9）年に開催された京都会議の議論の中では，外部不経済である二酸化炭素排出権をマーケットで取引することはできないかということが議題となった。二酸化炭素排出権に高い値がつくとすれば，お金持ちの国の中には排出権をお金で他国から買おうというものも現れてくることが考えられる。一方，排出権がマーケットで取引される可能性が出てくるとメリットとして，二酸

化炭素排出をできるだけ抑えるための技術開発競争が誘発されていくことが考えられる。デメリットは，環境に対して意識の低い国が財力にまかせて他の国から二酸化炭素排出権を買う行為が多発する可能性があることである。

しかし，財力のある先進国は，たいていは技術力も強いので，時間と技術力を本気でつぎ込むならば排出量を減らせるだけの可能性を持っている。もっとも，アメリカのように政権が変わったら急に政府が環境に関心を持たなくなるような国もあるのだが…。2010年までに6％も二酸化炭素を削減する約束は，厳しいかもしれない。日本の場合は，シンクと呼ばれる森林などの二酸化炭素固定要素も含めて6％ということになった。また，海外において日本企業が二酸化炭素削減に貢献した場合は，その削減量もカウントできるようになっている。

(4) 排出権取引

排出権取引とは，市場メカニズムを通じて環境汚染物質を減らそうとする手法で，アメリカで発展してきた。環境汚染の許容限度をまず定め，その範囲内で企業ごとに排出できる枠を決める。この枠内で済む企業は，余った分を足りない企業に売ることができる。この手法の利点は，汚染の最大許容限度を決めることができるのと，余った分を売ろうとする企業意識を誘い出すため，汚染低減の技術開発につながることとされている。**酸性雨**の原因として対策の急がれる二酸化硫黄など，企業活動に伴って排出される汚染物質について，国全体の排出許容限度をまず定め，その範囲内で各企業に排出枠を与える。すでに限度いっぱい排出している企業がさらに生産を増やすには，他社の枠の余り分を買い取るか，自社で排出削減技術を開発することになる。こうした過程を通じて，低コストで汚染物質の削減が実現できるとされる。実際にアメリカでは，酸性雨の原因として対策の急がれる二酸化硫黄についてこの制度を適用し，1993年3月，シカゴ商品取引所で取引がスタートした。また**窒素酸化物**についても1998年から取引が行われている。

この手法を地球温暖化の原因となる二酸化炭素などの温室効果ガスにも適用し，先進国間で実施することが1997年12月の気候変動枠組み条約第3回締約国会議（地球温暖化防止京都会議）で決まった。地球温暖化の主因である二酸化炭素をこの制度で減らしていくべきだとの検討がなされ，アメリカなど先進国と開発途上国間での大きな争点となった。こうした手法を**排出権売買制度**という。具体的な

運営方法は，未定の部分もまだ多い。温室効果ガスの排出枠を国ごとに割り振り，これを取引することになる。大気汚染についても市場メカニズムを世界的に導入しようという試みである。現在，ロンドン金融市場では，二酸化炭素排出権の売買がすでに活発に行われ，将来的には二酸化炭素排出権ビジネスは，2兆円規模にまで成長するという予測もある。

3.2 外部不経済はどのように把握するのか

■需給モデル

ところでごみにまつわる問題は，外部不経済として取り扱われるということであるが，こうした外部不経済分がどれだけあるかとか，いくら企業に対して税金をかければよいのかということを数字として定量的に把握するには，どのようにすればよいのだろうか。これには需給モデルという経済的なモデルが役に立つ。少し難しくなるかもしれないが，せっかくだからふれておこう。

需給モデルは，需要曲線と供給曲線をベースに均衡価格を求めて消費者がどれだけ便益を受けるかを計測する手法である。環境分野などでも使用することができる。

モデルというのは，ある現象を解析する際に実際にその現象を引き起こすのがすごくたいへんであったり，費用が膨大であったりする場合に，仮想現実的にその現象を再現できるようにつくり出す，いわば現実の模型ということになる。例えば，飛行機の操縦訓練のために毎回飛行機を飛ばしていては，実際に事故が起こるかもしれないし，費用がかさむので，コンピューター上に仮想現実の世界のシミュレーション・モデルをつくるのがモデルの例である。

■財

我々が「もの」を手に入れたりサービスを受けたりする場合には，その価格に等しいお金を払わなくてはならないが，この「もの」を経済学的には財（goods）という。サービスは，鉄道を利用して旅行をするときに受ける便益などをいい，必ずしも手にとってみえるものであるとは限らない。こうした概念を用いた分析を需給分析という。需給モデルは，この需給分析を行う際にモデルを使うことである。この需給モデルの考え方を用いながら，外部不経済を計算してみよう。

■外部性

ある活動が市場取引を通さず，各経済主体に及ぶ場合を外部性または外部効果

が発生するという。自動車の排気ガス，工場のばい煙，大気汚染，水質汚濁，ごみ処理施設からの排気ガス，工場排水，自動車走行に伴う騒音・振動，地球環境への破壊行為などが典型的な例である。

■市場の失敗

効率的な資源配分は，価格が消費者たちの社会的な限界評価と社会にとって限界費用が反映されているときに達成される。価格がいずれかの一方，または双方に一致しない場合には，効率的な資源配分は実現されない。このとき市場は，資源配分に失敗するという。このことを**市場の失敗**あるいは資源配分に歪みが生じているともいう。費用逓減(大量生産をすることによってものの価格が下がる現象。コンピューターチップなどにおいてその現象がよく起こっている)，**外部性**，公共財(近年では道路や港湾などの巨大公共投資)，不完全情報などが市場の失敗の原因となる。

■公共財

公共財とは，国防サービスのようにその利益がサービスに対する対価を支払ったかどうかにかかわらず，すべての主体に及ぶような財・サービスのことをいう。

■限界費用

消費者が最大限払ってもよいと考える費用のこと。費用が高くなれば，それだけ消費量は減る。例えば，ある商品が2 000円だったら年に1回しか購入しないが500円だったら5回購入してもよいというように利用者がさらに1単位消費しようとする場合に限界的に支払う費用を**限界費用**という。

■外部不経済の発生

ごみや二酸化炭素の排出などによって引き起こされることが予想される被害が明らかになる前に，予防措置をとる方法としても考えられる。企業は，石炭，石油，化石燃料などを使用して財・サービスを生産する。この生産過程で市場取引の対象にない，つまり外部経済としての二酸化炭素，排水，廃棄物などを出している。この企業から財を購入する企業や消費者はこれらを取引しているわけではない。また直接的な財・サービスの購入者でない人でも被害を受ける人々がいるときには，外部性が発生しているといわれる。この外部性が前出の外部不経済効果ということになる。

■外部不経済の計測

そこで，以下では廃棄物や二酸化炭素の発生により引き起こされる外部不経済

の計測方法について考えてみよう。

完全競争市場(売り手も買い手も価格に対して何ら影響を及ぼさず，市場の価格を与えられたものとして行動する市場)では，どのような市場の失敗が起こるのだろうか。つまり，ごみや二酸化炭素の排出によりどのような外部不経済効果が観測されるのか需給モデルで考えてみよう。

なお，需給分析などを経済学で図を描くときは，価格が縦軸，量が横軸というのが習慣になっている。

図3.1のS_0は，短期供給曲線である。縦軸Pは製品1単位の価格，横軸を製品Xの量とする。価格は製品の値段，量は生産量と置き換えてみるとイメージしやすい。価格が上がると生産者は儲ける意欲がわいてたくさん生産するから，供給曲線は右上がりである。したがって，S_0は右上がりの曲線である。これは企業全体の短期限界費用曲線を水平方向に合計していったらこのような形になると言い換えることもできるだろう。

一方，曲線Dは需要曲線である。価格が上がると消費者の需要量は減り，価格が下がると需要量は上がるから，需要曲線Dは右下がりとなる。ごみや二酸化炭素を自由に排出できる場合の完全競争市場での価格均衡点は，需要曲線と供

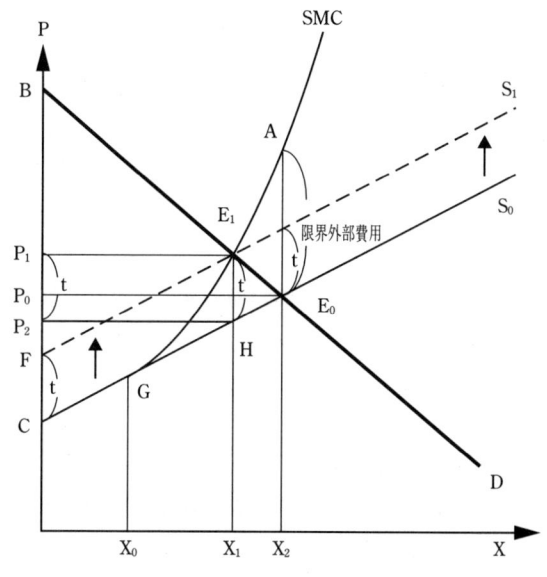

図3.1　外部不経済と課徴金

給曲線の交わる点E_0となる。価格均衡点とは，売りたい値段と買いたい値段がちょうど一致する値段である。このとき価格と供給量は，それぞれP_0，X_2という値になる。

しかし，この場合，廃棄物や二酸化炭素を発生することで環境に負荷が与えられ，外部不経済が発生しているとどうなるか。E_0は，社会的厚生が最大な点ではないことになる。つまり，社会にとっても最も便益があるような効率的な価格と生産量の設定にはなっていない。企業の生産活動に伴う廃棄物や二酸化炭素の排出に従って環境破壊が進み，将来的に周囲の農産物に被害を与えるなど悪影響を及ぼすからである。

ある財を生産する費用とは，もしその財を生産しなかったならば得られる利益，つまり**機会費用**のことである。機会費用というのはもしも他の機会に運用したら得られたであろう利益のことをいう。例えば，ある企業の経営者が生産活動をしないで，そのかかる費用をまるまる銀行に預けていて，その利子が得られるとする。その利子よりも生産による利益の方が少なかったら，企業は生産活動をするより銀行にただお金を預けておいて仕事などしない方がよいことになる。社会的にみた場合には，本来，環境悪化分の外部費用は，企業が財を生産するときの機会費用の一部ということになる。

■限界外部費用

生産量を追加的に1単位増やすときに外部不経済が発生する場合，それによって失われる価値のことを限界外部費用という。限界外部費用を負担しているのは，周辺の住民，広くいえば国民であって，その財を生産している企業ではない。つまり，その企業ではなく周囲の人々がごみや二酸化炭素発生による迷惑分の費用を払っているということになる。

ここで，企業が負担しているのは，供給曲線Sで示される限界費用である。つまり，Sの曲線上に乗っている値段であって，数量が合えば，それだけ企業側としてはつくってもよいと考える。

この企業によって負担された限界費用は，私的限界費用（Private Marginal Cost：PMC）と呼ばれる。しかし外部不経済があるときには，財が限界的に1単位生産されるとき，私的限界費用に加えて限界外部費用が発生する。そこで，私的限界費用に限界外部費用を加えたものを社会的限界費用（Social Marginal Cost：SMC）という。この場合，**社会的限界費用（SMC）＝私的限界費用**

3.2 外部不経済はどのように把握するのか

(PMC)＋限界外部費用となっていることになる。

　限界外部費用と社会的外部費用についての形状について考えてみよう。財の生産量が増えるにつれ，二酸化炭素や廃棄物の排出量は増加するが，排出量がまだ少ない場合には，自然の環境浄化作用によって限界外部費用は小さい。つまり，生産量を追加的に増やすときの失われる価値は，小さいということである。しかし，だんだん廃棄物や二酸化炭素の排出量が自然の浄化能を超えて増大してくると，限界外部費用はどんどん大きなものとなってくる。この場合，SMCは，図に示されるように点Gを過ぎたところから傾きが急に上がった曲線となる。曲線SMCと曲線S_0の縦軸方向の差が**限界外部費用**ということになる。生産量がX_0を超えると，その生産に伴って発生する廃棄物や二酸化炭素の排出量が外部不経済を発生させ，私的限界費用と社会的限界費用の間に乖離が発生する。

　完全競争市場の均衡需給量であるX_2のもとでは，社会的限界費用は，私的限界費用をAE_0だけ上回っている。つまりAE_0は，X_2における限界外部費用ということになる。このとき均衡価格P_0は，私的限界費用に等しい。価格P_0は，社会的限界費用よりも限界外部費用分だけ低くなっている。つまり，この状態では消費者の財Xに対する限界評価を上回る社会的限界費用をかけてXを生産していることになる。この場合，財Xの生産・消費量をX_2から限界的に1単位だけ減らせば，社会は一方で限界評価P_0に相当する利益を失うが，他方で社会的限界費用AX_2を節約することが可能となる。

　Xの生産・消費量をX_2から限界的に1単位減らすことによる社会的厚生の増加は，節約される社会的限界費用AX_2から失われる利益P_0を差し引いたAE_0になる。この社会的厚生の増加は，**純限界利益**と呼ばれる。

　社会的限界費用が消費者たちの限界評価を上回っている限り，財Xの生産・消費量をX_1まで減らすことによる純限界利益は，正の値をとることになる。Xの生産量をX_1まで減らすと，社会的限界費用は，限界評価と同じ値になる。Xの生産量をさらに減らしていくと，社会的限界費用＜限界評価となり，Xの生産量を減らすことによる純限界利益は負となる。つまり，社会にとって最も望ましい生産・消費量はX_1であり，その場合の社会的厚生は最大の値になる。

　しかし，廃棄物や二酸化炭素が自由に排出できる社会では，完全競争企業は利潤最大化をめざして私的限界費用が価格に等しくなるように生産量を決め，外部費用の存在のことは考えない。外部費用など気にせず，自分が一番儲かるだけ生

産する。外部不経済が存在すると,私的限界費用と社会的限界費用が乖離するために,市場は社会的厚生の最大化という意味で効率的な資源配分に失敗したことになる。これは市場の失敗と呼ばれるものの一種である。

■汚染課徴金

こうした社会的厚生の低下に対してはどのような対応策が考えられるのだろうか。生産・消費量を社会的厚生が最大になるX_1まで減らす一つの方法は,廃棄物や二酸化炭素を排出する企業に対して汚染課徴金を課すことである。課徴金とは,特定の企業や団体が社会に対して負荷をかけているときに政府・自治体などがその負荷分を金銭で徴収することである。

政府がXの生産量1単位分について社会的限界費用と私的限界費用との差,ここでは点E_1での限界外部費用に等しいt(円)の課徴金を課すとしてみる。このとき,供給曲線S_0は,全体的に上の方向にt円分だけシフトしてS_1となる。これによりX_2を生産するときの私的限界費用はtだけ増加するので,X_2における私的限界費用は,価格P_0を上回ることになる。そこで,各企業は,生産量を削減する。各企業の利潤が最大になるのは,税込みの私的限界費用と価格が等しくなる点E_1である。

こうして,完全競争市場の均衡は,供給曲線S_1と需要曲線Dとの交差点E_1へと移動する。課徴金込みの価格は,P_1になる。課徴金tのうち,(P_1-P_0)は消費者が,(P_0-P_2)は生産者がそれぞれ負担しているということになる。このように,環境に負荷をかけている企業に対して,効率的な生産量X_1での限界外部費用(P_1-P_2)に等しい課徴金を課すと,間接的に税金と同じような働きがあり,均衡需給量をX_2からX_1まで減らすことができる仕組みである。つまり,課徴金というものが課せられることによって企業側が自分で調整して外部不経済が少なくなるように生産量を調整してくるということである。なお,効率的な環境汚染分の課徴金は,課徴金を課さないときの均衡生産量X_2での限界外部費用AE_0ではなくなっている。

■最適な課徴金と最適な廃棄物の排出量

なお,上記に示したような課徴金のかけ方は,実際問題としては最適なかけ方とは限らない。また企業は自ら徴課金の額を少なくできるように,技術的にも排出量を減らすことができるように自己努力をするであろう。企業は,省エネルギー技術を開発することによって同じ生産量でも廃棄物や二酸化炭素の排出量を減

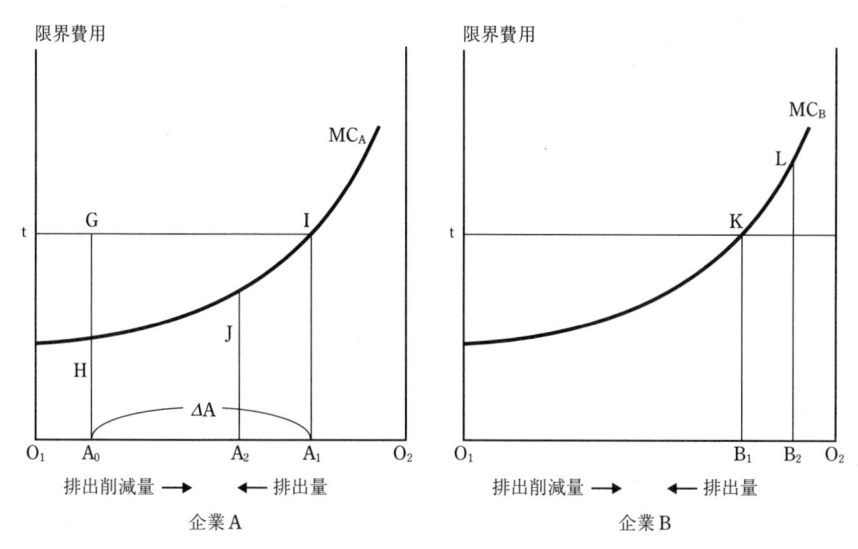

3.2 外部不経済はどのように把握するのか

図3.2 最適な環境税と環境規制の比較（企業Aと企業B）

らすことが可能になる。この場合には，生産量に比例してt円の課徴金を課すと，企業が廃棄物や課徴金の支払いを減らすことはできないからである。こうした問題を克服する最適な課徴金制度を示したものが図3.2になる。

図3.2は，点O_2から左へ排出物の排出量をとったものであり，課徴金を課さないときの排出量はO_2O_1であると仮定する。O_1からみるとO_2に向かうにつれて廃棄物の排出量は少なくなる。横軸は，右にいくほどより技術が進んで排出量が抑えられるような状態である。つまり技術力を上げるには，限界費用（MC）がかかるため右上がりの曲線となっている。

曲線MC_AとMC_Bは，企業Aと企業Bがそれぞれ廃棄物を限界的に1単位削減するときに増加する費用，すなわち廃棄物の排出量削減のための限界費用を示している。これらの曲線上では，企業の使用エネルギーを節約する必要があるが，省エネルギーのための限界費用は，廃棄物を削減しようとすればするほど省エネルギーが困難になるので増大することが予測される。この要因に基づいて曲線MC_AとMC_Bは，右上がりのカーブを描いた曲線になっている。

図3.3の曲線MCは，これら企業の廃棄物排出量削減の限界費用曲線を水平方向に合計したものであり，社会全体が廃棄物の排出量を削減するときの限界費用曲線に相当する。

第3章　ごみをめぐる経済メカニズム

企業が廃棄物量を削減する一つの方法は，省エネルギーとともに生産量を減らすことでもある。

個々の企業が生産量を減らしても，財Xの価格は，完全競争市場の仮定から変化しないと仮定されている。しかし，企業が同時に生産量を削減することによって廃棄物の排出量を削減するときには，社会全体の供給量の減少が反映されて，財Xの価格は上昇することになる。ただし，財Xの需要曲線は，右下がりである。財Xの価格は，消費者にとっての財Xの限界評価を示している。したがって，財Xの価格が上昇することは，消費者にとって失われる限界的な価値が大きくなることを意味する。この限界価値の増加を反映して，企業全体が廃棄物の排出量を同時に削減するときの限界費用は，個々の企業の限界費用よりも大きなものとなる。その結果，曲線MCの各点の傾きは，個々の限界費用を水平方向に合計したものより大きくなる。

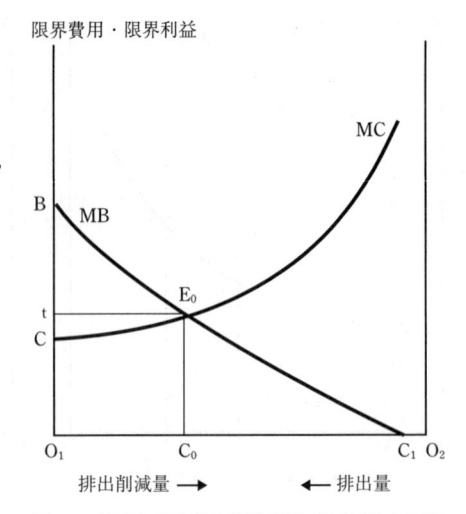

図3.3　最適な環境税と環境規制の比較（社会全体）

他方，曲線MB（Marginal Benefit）は，廃棄物の排出量を限界的に1単位引き下げることによる将来の被害の現象を現在の時点で評価した限界利益を示している。将来の被害の現象を現在の時点で評価する方法は，現在価値法と呼ばれる。廃棄物の排出量がO_2C_1まで減少すると，将来廃棄物による被害が発生しなくなるため，つまり外部不経済が発生しなくなるため，廃棄物をそれ以下に減らすことによる限界利益は，ゼロと仮定されている。

それでは，社会的にみてどこまで廃棄物排出量を削減することが望ましいのであろうか。廃棄物排出量は，削減することによる社会的総利益から社会的総費用を差し引いたものである。廃棄物排出量を削減することによる社会的総利益は，曲線MBの下の面積に相当し，その社会的総費用は曲線MCの下の面積に相当する。

廃棄物排出量を削減することによる社会的厚生（社会的総利益から社会的総費

用を差し引いたもの)が最大になるのは，廃棄物排出量がO_2C_0まで削減されるときである。このときの最大化された社会的厚生は，面積BE_0Cで示される。

O_2C_0を最適廃棄物排出量という。廃棄物を自由に排出できる場合の生産量は，図3.1からX_2であるが，このときの廃棄物排出量はO_2O_1であり，最適排出量O_2C_0よりも大きい。排出量をO_2C_0まで削減するための一つの方法は，企業が排出する排出量1単位につき課徴金t円を課すことである。これは環境税に相当する額である。二酸化炭素の場合であれば，いわゆる炭素税に相当する。石油は，日本の場合はほとんどを輸入に頼っているため，輸入時に将来排出される二酸化炭素の量を計算して，炭素税をかけることが想定される。

以上，少し難しかったかもしれないが，ごみの及ぼす費用を生産者側と周辺地域住民側に分けて定量的に把握する，あるいは環境税(後述)を考えるといったときには便利で重要な考え方である。

3.3 「エントロピーの法則」への挑戦

(1) エントロピーの第二法則

自然界の法則の中に「エントロピーの法則」がある。エントロピーは熱力学の第二法則で，第一法則は「エネルギー保存の法則」である。ちなみに，熱力学の第一法則とは，「物質とエネルギーの総和は一定で，物質が変化するのは形態だけで，エネルギーはけっして創成したり，消滅したりすることはない」ということである。

一方，熱力学の第二法則とは，「物質とエネルギーは使用可能なものから使用不可能なものへ，秩序化されたものから無秩序化されたものに変化し，逆戻りさせられない。つまり，宇宙のすべては体系と価値から始まり，絶えず混沌と荒廃に向かう」である。

つまり，エネルギーは形を変えても，その総量は変わらないが，元の形に戻すことはけっしてできず，必ず使用不可能なものの方向に変化するということである。これは，あらゆる現象は，分散化していくということである。例えば，白熱灯の熱が熱を発生するランプの中心部から周辺部へと拡散していくことも，仕事をしているあなたの机の上が自然と散らかり放題になる現象もエントロピーの法則に基づいた現象である。集中している熱エネルギーを拡散させることは自然にできるが，逆に散らばったしまった熱エネルギーを集めることは容易ではない。

効率という点で不利なのである。

　例えば，風車による発電は，これまで空気の流れである風力という拡散したエネルギーを集めるという点で効率的に不利であると考えられてきた。確かに集中したエネルギーの元である化石燃料を燃やす方がエネルギー効率的には高い。しかし，化石燃料という量の限られたもの，またその燃焼に伴って有害ガスが発生することを考えれば，やはり，全くクリーンな風力発電というのは見直されてもよいのである。

　これからの時代を考慮した場合，エコロジーの分野では積極的にこの「エントロピーの法則」と逆行する技術開発が大きな位置を占めてくるといえるだろう。すなわち，拡散していたものを再び集めてくるという技術である。化石燃料は，行き着く所をたどっていくと，そのエネルギーの大元は太陽ということになる。地球が長い年月をかけて生物の植物や微生物の死骸の形で集めてきた石炭や石油と同じように，拡散したエネルギーを人類が技術によって集約していくことが環境問題をときほぐしていく一つの鍵となるだろう。この場合，ごみをエネルギーとして再資源化していくことはかなりの知恵とアイディアが必要となる。いわばこれまでのビジネスとは違った遺伝子を持ったごみビジネスは，エントロピーの法則に挑戦する使命を持っているということでもある。

(2) 一周遅れのトップランナーになれるか

　(1)に示したように，ごみはエネルギーという面からみた場合，エントロピーが拡散した状態なので，これまでビジネスに乗るだけの注目度を浴びることない補欠選手であった。しかし，花形選手であった繊維，石炭，造船，重化学工業，建設業，金融業などが10年サイクルぐらいずつでトップランナーの道を他の産業分野に次々と奪い取られた結果，かなり後ろの方を走って一周遅れだった環境産業がここにきて上位の位置を占める可能性が出てきているということでもある。オリンピックのスケート競技のショートトラックの選手が，予選落ちすれすれだったのに次々と上位選手が転倒して，突如，金メダリストになってしまったかのように。

(3) ごみビジネスの注意点

　ただし，ごみビジネスが何でもかんでも薔薇色であるとは限らない。例えば，

後述するごみ発電の場合，安定的な発電のためにはごみが安定的に供給され続けなければならない。これも一種のエントロピーの法則と逆のことを行わなくてはならないという使命のようなものである。しかし，ごみ発電の場合には，ごみがなくなれば発電を止めなくてはならないから，使う人の立場になってみれば，いつ停電するのかわからないような電気は使えないという話になる。もちろん1つのごみ発電で地域の電力を全部賄うわけではないから大丈夫であるが，大局的にみた場合，必ずしも採算が十分とれるとは限らない。しかし，いくつかの都市では工夫を重ねて10年で採算を合わせている所もある。ごみを集める範囲を広げる，経営形態を変化しながら対応するということもあり得るが，循環型社会をどうするかは，地域にとっても企業にとっても共通課題である。大量生産・大量消費時代には，売れなければ捨てていく見込み生産も許された。しかし近年では，見込み生産のような経済システムは，日本のような成熟社会では必ずしも合理的ではなく，注文生産・適正生産がIT技術で可能になってきた。これによってロス，ごみの発生が少なくなることが見込まれる。当面の廃棄物問題として，高度成長期に建設された建物の解体が進むが，建設廃棄物の特別対策はこれとは別に考えておかないといけない。またその一方で，ごみビジネスに対してあまりに過剰に成長分野として期待することは危険であるかもしれない。

3.4　規制緩和が生む民間のビジネスチャンス

(1) 行政システムによる規制緩和の必要性

　日本の行政システムには，様々な面で多くの規制が存在する。民間活動のあらゆる面で政府が法令，通達，行政指導などにより規制しているのを撤廃したり，緩和することによって，民間経済に活力を生み出そうとすることを規制緩和と呼ぶ。

　アメリカでは，レーガン政権下，ディレギュレーション(deregulation)と称して行われ，イギリスでもサッチャー政権下で継続的に行われた。日本では，国営企業の民営化として，当時第二電電，JRなど多くの新企業が生まれたのに力を得て，規制緩和によって企業がより自由に活動できるようにすべきという意見が強くなってきた。携帯電話の規制緩和が多くのビジネスチャンスを生んだことなどがその好例だが，官僚の既得権保持の抵抗が最大の障害といわれる。政府が規制緩和を推進することで，新しいチャンスが生まれ，より効率的なサービスが提

供されることが期待されている。その一方で，常に議論となるのは，規制緩和がもたらすことによる安全性の問題である。ごみの分野では一般廃棄物は公共が行っているのに，危険性の高い産業廃棄物の分野は民間が行っているということである。しかも，産業廃棄物は一般廃棄物より8倍も分量が多く，最終的な持ち込み場所は公共の最終処分場というところがシステム上の欠陥を生みやすいこととなっている。つまり，規制緩和を徹底的に進める部分と逆に安全面での規制を強化すべき部分が機能的に働いていない面があることが問題なのである。

(2) マスキー法制定に伴うビジネス拡大からの教訓

1970年代以後は，世界の自動車保有台数が急増した時代であった。特にアメリカでは，国民の約2人に1人が自動車を保有する自動車社会が相当進展していて，光化学スモッグを頻発させるなど深刻な大気汚染を生じさせていた。なにしろアメリカ車は，大きくてガソリンを大量に消費し，大量の排気ガスをまき散らす代名詞でもあった。このため，アメリカでは1970年に大気清浄法を改正（Clean Air Amendment Act of 1970；通称マスキー法）し，自動車排出ガスの9割削減をめざしたが，成立当初から，この規制の実行は不可能であるという自動車業界側の反発を招いていた。

一方，日本でも，1970年代には，国民の約10人に1人が自動車を保有する準クルマ社会へと突入し，1970（昭和45）年には日本でも光化学オキシダント注意報が発令された。このような状況下，アメリカでマスキー法が成立したことも受け，日本でも自動車排出ガス規制の強化を求める声が強まった。一方で，マスキー法のような厳しい規制を導入することは，当時の技術水準では不可能であり，かつ日本の自動車産業の対外的競争力を失わせるという強い反発も起こった。

しかし，最終的には，技術的な困難性を解消した新たな車種の開発可能性が確認できたことから，日本においてもマスキー法と同様の排出ガス規制が導入された。その結果，マスキー法の実施に関して延期および緩和措置がとられたアメリカに比して，日本では1978（昭和53）年度までに，国内のすべての自動車メーカーでエンジン技術の進展により新しい排出ガス基準をクリアできる自動車が生産可能になり，世界市場への日本製自動車躍進の一因ともなった。

(3) 環境基準の強化がビジネスチャンスのきっかけになる

このように，必ずしも厳しい環境基準がビジネスを瀕死に追いやるとは限らず，逆に世界の中で競争力を持つきっかけになったという事実もある。

これは外国での環境をめぐる動向にいち早く対応した日本の自動車メーカーの技術力の輝かしい勝利でもあった。日本の自動車メーカーは，従来より積極的な技術開発を行っており，低公害車の技術は世界でも群を抜くこととなった。アメリカの非営利環境団体，エネルギー効率経済協議会（ACEEE）が発表した「環境に配慮した自動車（2002年モデル）」によれば，上位10車種を日本車が独占する結果となっている。

ごみビジネスを含めた環境ビジネスは，厳しい環境基準を突破するための技術革新を強く求められている分野である。しかし，このマスキー法クリアの原動力が日本のその後の自動車産業成長の鍵になっていることからも，ごみ関連ビジネスにも厳しい技術基準をクリアすることによるビジネスチャンスがありうることを学ぶべきだろう。

日本の焼却炉は，ダイオキシンに対応できる新しい技術基準の焼却炉に対応するために全国的に焼却炉の見直しを図っている。問題は，この技術を世界のマーケットに乗れるだけの低価格，高性能のものにいかに早くできるかどうかである。現在，環境は二の次の感がある中国や東南アジアにおいても，やがて必ず公害からの脱却のために高性能で低コストのダイオキシン対策の施された焼却炉に対する深刻な需要が発生してくる。

(4) ごみビジネスのスキーム

こうしたビジネスについては，本来は，あまり官公庁が音頭をとりすぎて先導するとうまくいかないケースが多いものである。机の上で考えたものがビジネス上で成功するとは必ずしもいえないからである。やはり現場を知る民間が知恵をしぼっていかないと本当のマーケットは創出することはできない。その意味では，いたずらに官公庁がシナリオを書き上げるよりは，むしろ役所が握っていて手を離さなかった規制を緩和することによってビジネスチャンスが生まれることは，これまでの歴史が繰り返したことでもある。

しかし，その一方で，安全基準はクリアされなければならない。特に産業廃棄物の処理業者は，不法投棄の問題など大きな問題が残っているため，監視がかな

りきちんと行われなければならないので，安易に規制を緩和できない分野もある。安全基準を厳守しながら，技術力を向上させていくことのできる企業には，自らマーケットを創出することのできる機会を与えるべきであろう。

しかし，その一方で，戦後の右肩上がりの高度成長期に海外をお手本にして法律をバックアップに脚本を書き上げる実績はこれまでもあるので，一概にこうした動きが無駄であるともいえない。こうした役所先導型のメリットは，民間を含めた産業界にビジネス創出の気運を高めるうえではプラスに働くこともあり得るからである。アメリカで1990年代前半にクリントン政権下で標榜された情報スーパーハイウェイ構想は，政府が機運を高めることで産業界にインパクトを与えた成功例であるとも考えられる。

次に，環境省を中心としたごみ関連ビジネスに関する考え方についても触れておこう。

3.5　環境ビジネスの市場予測

(1) 環境省による環境ビジネスの市場規模予想

環境省は，2000（平成12）年および2003（平成15）年に「The Environmental Goods & Service Industries（OECD, 1999）」の環境ビジネスの分類に従い，2000年，2010（平成22）年および2020（平成32）年の環境ビジネス（エコビジネス）の市場規模および雇用規模について調査を行っている。その数字を参照してみよう。ここでいうエコビジネスとは，「水，大気，土壌等の環境に与える悪影響と廃棄物，騒音，エコ・システムに関連する問題を計測し，予防し，削減し，最小化し，改善する製品とサービスを提供する活動」から構成されるものである。この調査の中では，これら環境ビジネスに該当すると考えられる各ビジネスについて，各種データより市場規模を算出している。例えば，雇用規模については，各種データから各業界の労働生産性（金額/人）を推計し，それぞれの市場規模に労働生産

表3.1　環境ビジネスの市場規模および雇用規模の推計

	1997年	2000年	2010年	2020年
市場規模(億円)	247 426	299 444	472 266	583 762
雇用規模(人)	695 145	768 595	1 119 343	1 236 439

（出典：環境省）

3.5 環境ビジネスの市場予測

表3.2 環境ビジネスの将来予測値

エコビジネス	市場規模（億円）			雇用規模（人）		
	2000年	2010年	2020年	2000年	2010年	2020年
A. 環境汚染防止	95 936	179 432	237 064	296 570	460 479	522 201
装置及び汚染防止用資材の製造	20 030	54 606	73 168	27 785	61 501	68 684
1. 大気汚染防止用	5 798	31 660	51 694	8 154	39 306	53 579
2. 排水処理用	7 297	14 627	14 728	9 607	13 562	9 696
3. 廃棄物処理用	6 514	7 037	5 329	8 751	6 676	3 646
4. 土壌，水質浄化用（地下水を含む）	95	855	855	124	785	551
5. 騒音，振動防止用	94	100	100	168	122	88
6. 環境測定，分析，アセスメント用	232	327	462	981	1 050	1 124
7. その他	—	—	—	—	—	—
サービスの提供	39 513	87 841	126 911	238 989	374 439	433 406
8. 大気汚染防止	—	—	—	—	—	—
9. 排水処理	6 792	7 747	7 747	21 970	25 059	25 059
10. 廃棄物処理	29 134	69 981	105 586	202 607	323 059	374 186
11. 土壌，水質浄化（地下水を含む）	753	4 973	5 918	1 856	4 218	4 169
12. 騒音，振動防止	—	—	—	—	—	—
13. 環境に関する研究開発	—	—	—	—	—	—
14. 環境に関するエンジニアリング	—	—	—	—	—	—
15. 分析，データ収集，測定，アセスメント	2 566	3 280	4 371	10 960	14 068	17 617
16. 教育，訓練，情報提供	218	1 341	2 303	1 264	5 548	8 894
17. その他	50	519	987	332	2 487	3 481
建設及び機器の据え付け	36 393	36 985	36 985	29 796	24 539	20 111
18. 大気汚染防止設備	625	0	0	817	0	0
19. 排水処理設備	34 093	35 837	35 837	27 522	23 732	19 469
20. 廃棄物処理施設	490	340	340	501	271	203
21. 土壌・水質浄化設備	—	—	—	—	—	—
22. 騒音，振動防止設備	1 185	809	809	956	536	439
23. 環境測定，分析，アセスメント設備	—	—	—	—	—	—
24. その他	—	—	—	—	—	—
B. 環境負荷低減技術及び製品 （装置製造，技術，素材，サービスの提供）	1 742	4 530	6 085	3 108	10 821	13 340
1. 環境負荷低減及び省資源型技術，プロセス	83	1 380	2 677	552	6 762	9 667
2. 環境負荷低減及び省資源型製品	1 659	3 150	3 408	2 556	4 059	3 673
C. 資源有効利用 （装置製造，技術，素材，サービス提供，建設，機器の据え付け）	201 765	288 304	340 613	468 917	648 043	700 898
1. 室内空気汚染防止	5 665	4 600	4 600	28 890	23 461	23 461
2. 水供給	475	945	1 250	1 040	2 329	2 439
3. 再生素材	78 778	87 437	94 039	201 691	211 939	219 061
4. 再生可能エネルギー施設	1 634	9 293	9 293	5 799	30 449	28 581
5. 省エネルギー及びエネルギー管理	7 274	48 829	78 684	13 061	160 806	231 701
6. 持続可能な農業，漁業	—	—	—	—	—	—
7. 持続可能な林業	—	—	—	—	—	—
8. 自然災害防止	—	—	—	—	—	—
9. エコ・ツーリズム	—	—	—	—	—	—
10. その他	107 940	137 201	152 747	218 436	219 059	195 655
機械・家具等修理	19 612	31 827	31 827	93 512	90 805	66 915
住宅リフォーム・修繕	73 374	89 700	104 542	59 233	59 403	56 794
都市緑化等	14 955	15 674	16 379	65 691	68 851	71 946
総　　計	299 444	472 266	583 762	768 595	1 119 343	1 236 439

*1 データ未整備のため「－」となっている部分がある．
*2 2000年の市場規模については一部年度がそろっていないものがある．
*3 市場規模については，単位未満について四捨五入しているため，合計が一致しない場合がある．
　（出典：環境省）

性から算出されたものである。

　この調査結果によれば，環境ビジネスの市場規模は，2000年時点において29兆9 444億円で，日本の国内生産額の約2％強を占めている数字となる。また，2010年時点の将来予測としては，全体で47兆2 266億円の規模に達し，さらに2020年には58兆3 762億円の成長産業になると推計されている。中でも循環型社会を支える廃棄物処理・リサイクル関連ビジネスが約50％を占める数字としては20兆円程度あることになる。また，雇用規模については，2000年では76万8 595人であり，2010年時点では111万9 343人，2020年で123万6 439人に増加すると推計されている。さらに，近年の環境ビジネスの急速な広がりを考慮した場合，市場規模および雇用規模はさらに大きくなると予想されている［わが国の環境ビジネスの市場規模及び雇用規模の現状と将来予測についての推計（平成15年）より］。

(2) 環境ビジネス市場の将来予測

　一方，同様の調査を環境ビジネスの市場という観点から，1999年5月に日本機械工業連合会と日本産業機械工業会が試算している。これによると「環境ビジネスに関する調査報告書」では2010年の事業規模は約34兆円（現状約22兆円，環境庁の予測値は約35兆円），雇用規模は約118万人（同約78万人）と急速に拡大すると予想されている。なお，ここでいう現状とは1999年時点での予測値を指している。

　分野別の事業規模でみると，公害防止・水利用が11兆5 243億円（現状7兆5 243億円），廃棄物処理・リサイクルが17兆7 924億円（同11兆4 888億円），環境修復・環境創造は4兆3 518億円（同2兆3 707億円），環境分析・アセスメントは2 256億円（同1 400億円），環境調和型エネルギーは2 634億円（同332億円）となっている。市場規模では，全体の約52％を静脈産業である廃棄物処理・リサイクルの分野が占め，成長率ではクリーン・省エネルギー関連である環境調和型エネルギーの分野が約8倍と大きく伸びると予測されている（「環境ビジネスに関する調査報告書」，日本機械工業連合会・日本産業機械工業会，1995より）。なお，これらはいずれも政府系の組織や研究会などで試算して出した数値であり，この数値がどれぐらい予測値として正確であるかは不明である。またどこまでの業種を環境ビジネスと定義するかによっても数字が異なってくる。これまでもこ

うした政府系のデータが予測値と大きくはずれたことは様々な計測事例でも明らかであるので，参考データとしてとらえておくべきということであろう。

しかし，政府が環境関連事業を成長産業と位置づけて，日本の再生上役立つものと考えていることは間違いない。また，実際にそのポテンシャルはあるものと考えられる。

3.6　エコロジーとビジネス

(1) 環境と企業イメージ

次に，環境と企業イメージの関係について考えてみよう。経済活動の主体は，企業，家計，政府である。これまではとりわけ企業側にごみに関する意識が低かった。また，環境問題を取り扱わずして21世紀対応型のビジネス展開は難しく，消費者の目も厳しくなっていると考える企業が多くなってきている。環境問題がより多くの人の関心を集めるようになって，民間側からの環境への取組みが熱を帯びてきている。どのような企業においても積極的に環境問題に対する対応が重用視されなければならないという空気が生まれてきている。

もちろん，一般企業は，社会との関わりの中で利益を追求することを目的としている。利益が薄い分野であれば，好んで新規参入してくることは考えられない。しかし，近年環境問題に対する国民的な意識の高まり，日本の現在の閉塞した経済社会状況の中で，情報，福祉・医療と並んで，環境ビジネスに関して注目が集まってきているということである。

一昔前なら，環境創造型産業とは逆の立場なのではないかと疑問符がつくような業種の企業すら環境というキーワードを前面に掲げて活動を行うようになってきている。いまや日本の企業は，世界の先進諸国の中で環境問題に最も大きな関心を寄せる集団となってきているといえるだろう。これは少なくとも15年前とは全く異なる状況である。

また企業のイメージとしても環境にやさしいということをキーワードにすることで手を替え品を替え，様々なアプローチが行われるようになってきている。企業内部に環境に対応した部局をつくり，内外で発生する問題に積極的に対応したり，環境の専門部局を立ち上げる会社も多くなってきている。また企業内部のみでは十分に解決できない問題については，大学や専門の関連機関と連携をとりながら相互の情報を交換するケースもある。

(2) 企業によるごみ問題への取組み

確かに多くの人の努力や技術の発展によって，これらの問題の解決に力が注がれてきたわけだが，今後はこうした国々に対して1960～70年代に深刻な公害を乗り越える経験をしてきた国として，技術的，人的な協力を行っていくことが必要であろう。また，そのためには企業による真剣な環境問題に対する取組みが行われていかなくてはならない。

また，ごみリサイクルを有効に処理していく際には，放っておいては有効に進まないものも経済の原理を活用することによってスムーズに運ぶこともある。

その一つの例が環境ビジネスと呼ばれるものである。こうしたシステムを有効に活用することによって，マーケットの原理を導入することでごみ処理が有効に働くのであればそれに越したことはない。

(3) 環境ビジネスの発生と経緯

環境ビジネスとは，環境問題に関わる企業とその事業のことを指している。1960年代の末に公害問題が発生するとこれをコントロールするための公害防止をめざした産業が登場した。そして，これと同時に廃棄物処理業者が加わることで環境ビジネスが形成されてきた。

日本では，このときに脱硫装置などの工業からの排出物に対する対応策が検討され，企業が環境保護に関わる事業を始めるなど一つの産業分野として成長してきた。脱硫装置とは，工場などで排出されるガスに含まれる硫酸などが大気汚染や酸性雨をはじめとした公害を引き起こすため，排出の前にこれらの有害な物質を取り除く装置である。脱硫装置は，日本の得意とする分野で，1970年代，公害列島であった日本が環境を取り戻したのは，こうした技術開発の賜物でもある。

こうした中で，環境省を中心として，環境保護に役立つ商品という意味でエコマークなども考案された。日本の環境ビジネスは，国や地方公共団体による環境関連の施策や，環境関連の法制度化，企業の環境経営への取組み(ISO 14001，LCA，環境会計，環境ラベルなど)やグリーン購入の推進などの特定産業から全産業へと現在，様々な広がりを持ってきており，市場規模にも成長がみられる。

(4) 経済成長と環境負荷の低減の両立

持続的な経済成長を遂げながら環境負荷の低減を続けるという相反する目的を

両立していくためには，技術開発の促進と同時にコストを下げて，多くの企業が導入できるようなシステムをつくっていくことが重要だろう。これまでは工場でなければ入れられなかった浄化システムが家庭にも持ち込めるくらいにサイズを小さく，かつ高性能にしていくような，技術的な改良が進められることであろう。コンピューターは，30年間の間に劇的なダウンサイジングを遂げて，大学や企業の研究機関でしか使いこなせなかった価格と機能を，現在では鞄にいれて持ち歩くことすらできるようになったのである。環境負荷の少ない素材・製品の開発，有害物質の分解・除去・安全性評価技術，廃棄物の高度な選別・分離および再利用技術などを発展させながら次のステップを検討していくという芸当を行っていかなくてはならないが，日進月歩の技術力があれば現代ではけっして不可能なことではない。

　技術開発には，ナノテクノロジーやバイオテクノロジーなどの「基盤技術」と，これを応用した物質の分離や製品の分解，省エネルギーなどの「要素技術」，さらに，これらを適切に組み合わせて課題を解決するトータルな全体設計技術が望まれてくるだろう。産・学・官が研究領域間をよく調整して，多くの関係者が協力したり，知識を構造化して，活用する仕組みを構築し運営するために，ITを活用としたナレッジマネジメントなども必要となってくるだろう。

　こうした技術開発への投資は巨額になる可能性があるが，大学などの研究機関や民間企業，国，地方公共団体，NPOなどの連携・協力が今後必要となってくる。

3.7　ごみをめぐるビジネス戦略

(1) 環境ビジネスの役割

　産業活動を通じて，環境保全に資する製品やサービス(エコプロダクツ)を提供したり，社会経済活動を環境配慮型のものに変えていくうえで役に立つ技術やシステムなどを提供しようというのが環境ビジネスであるといえるだろう。環境ビジネスは，環境保全への取組みの積極性や事業内容からみて日本の経済社会構造をグリーン化する推進力となると考えられている。また，環境に優しい製品やサービスの活用を通して，人々のライフスタイルそのものをより環境負荷の少ない持続可能なものへと変えていく可能性を開くものとして期待がかけれられている。

　国が定めた**環境基本計画**の中では，「環境ビジネス」は，各主体の環境保全のた

めの取組みの基盤の整備に資するものとして，環境への負荷の少ない持続可能な社会の形成に重要な役割を担うものであり，積極的な展開が期待される，とされている。環境ビジネスの振興・発展は，環境への負荷の少ない持続可能な社会の実現をめざすうえで，経済のシステムに乗るものとして重要な役割を果たす可能性がある。さらにいえば，環境ビジネスは，現在低迷している日本の経済の活性化を図るうえで有望なものといえるだろう。また，国際競争力を強化しながら雇用の確保を図るうえで役割を果たすものと期待されている。**経済財政諮問会議**の経済活性化戦略においても，環境ビジネスの振興が大きな柱の一つとして位置づけられ，政府としても積極的な推進を図ることを検討している。これに対して，現実的にはそれほど環境ビジネスが強い成長力を今後十数年にわたって維持できるか疑問視する向きもある。おそらく静脈ビジネスが日本企業の牽引車となって爆発的な成長力を持つことは難しい。外貨をかせぐにしても，まだ時間的に国際的な市場が十分に育っていないという面がある。これは例えば高度成長を遂げるアジア諸国の消費者が旺盛な購買意欲を示す家電製品やコンピューター，携帯電話ビジネスのような産業のタイプではないということである。

(2) 企業の取組みの変化
■ISOシリーズの取得

近年，企業の環境に関する考え方は，環境に関する取組みを社会貢献としてのみではなく，企業の最も重要な戦略の一つとして位置づけるなどより積極的なものへと変化している。こうした変化の背景として，ISO 14001認証取得の広がり，環境報告書・環境会計の取組みの普及，グリーン購入の進展などが進んだ点として挙げることができる。ISOシリーズの取得とは，企業として本格的に環境に対して対応を図っていくことをめざして，国際標準化機構(ISO)による環境監査と環境管理システムに関する国際規格に対応する国際規格(ISO 14000シリーズ)に対応する企業などを対象とした認証のことである。環境に与える負荷を最小限にするための方針，目標を定めて実行し，その成果を客観的な基準に従って定期的に，かつ公正に行っていくことが求められる。現在ではコンビニエンスストアのチェーン店などもISO 14001認証を取得し，誇らしげに入口に認証マークを貼ってある光景にも出くわす。環境マネジメントシステムの国際規格であるISO 14001の日本における認証取得件数は，2002(平成14)年6月末現在で約9 000件

となっているが，これは，企業経営者に環境保全の取組みについて考える機会を提供し，トップダウンの意識改革を進める契機となるものである。先の例のコンビニエンスストアでいえば，ごみは分別収集を徹底し，弁当やおにぎりなどの売れ残り商品はコンポスト化して，堆肥として循環型社会に貢献するという考え方である。

3.8　ごみの経済的対策

次に，政府や自治体によるごみに対する経済的な政策にどのようなものがあるか少しみてみよう。

(1) ごみ有料化
■ごみ減量化の効果

ごみの有料化とは，ごみの収集を有料化することである。欧米ではこのごみ収集が有料の都市が比較的多いが，日本の大多数の自治体では家庭から出る一般の可燃ごみや不燃ごみの収集費は無料であり，基本的には税収で賄われている。これを有料にすることによって，ごみの減量を図ろうという考え方である。

有料化の方法としては，一定量までは無料としてオーバーした分を有料袋で出す方法や，すべて料金を上乗せした有料袋で出す方法などいくつかがある。有料化は，市民の負担増になるがごみを大量に出す人は高い負担を払うという点で負担の公平，公正を図る制度である。ただ，家庭ごみの有料化を導入している自治体でも，ごみ袋1袋当り20〜30円程度の所が多く，料金は基本的には低額である。大都市では，一定量まで無料としていた事業ごみの有料化が進められている。東京都では1996(平成8)年12月から，例えば45Lのごみ袋では243円の有料シールを貼って出すことになった。その結果，紙ごみなどがリサイクルにまわり，ごみ減量に大きな効果を上げている。

■価格の機能を有効に働かせる

経済システムを有効に働かせるには，価格の持つ機能をうまく使うことが重要である。ソ連時代のロシアでは，パンや野菜を買うのにも異常に長い行列ができ，一方の自由市場では，高い値段の食料品が行列もなくさばかれるといった事態がよく起こっていたが，これは価格の持つ機能がうまく働かなかったからである。行列ができたり，逆にスーパーマーケットの棚が空だったりするのは，価格の機

能を使いこなしていないからである。大赤字の本州四国連絡橋や東京湾横断道アクアラインは，価格を下げれば簡単に利用者数は増やせるし，首都高速道路の渋滞も，価格を高くすれば通行量は減らすことができる(こちらは他の代替道路の交通量が増えるのでやや問題があるが)。

　自治体がごみ回収を有料化することによってまず価格の機能からごみの発生量は抑えられるだろう。無駄なごみを出せば家計に直接響くから，財布に厳しいほどのごみの量を出さないようにする。そうするには，ごみを出す前に不必要なものまで捨てない習慣がつかざるをえない。

　近年，大都市の事業系の廃棄物の増加が処理場の確保を困難にし，処理費の上昇が地方自治体の財政圧迫の要因となっている。ごみ減量化と財源対策のため，リサイクル促進とともに収集費を有料化する自治体が増加している。こうした方策により収集量は少し減少してはいるが，一方で自己処理が難しい地域やものについては不法投棄を促すおそれも指摘されている。不況とともにごみ排出量は減少傾向にあり，元来，収集処理の経費が税の中に組み込まれている生活系廃棄物にまで有料化が及ぶことについて疑問の声もある。環境保全，資源活用の面から，廃棄物処理の根本策を立てていかなくてはならないだろう。

(2) デポジット制

　預かり金(デポジット)を活用した経済的な環境対策の一種である。商品の値段に一定の金額を上乗せして販売し，使用し終わった商品を販売店や回収の拠点に返却すると預かり金を払い戻すシステムである。

　欧米などで飲料容器のリサイクルを目的として導入されてきた。一定の地域に限定されたローカルデポジット制度が一部で行われているが，試行的な段階である。日本の場合，デポジット制がかなり古くから行われているビールびんなどは，リサイクル率が高い。デポジット制をうまく活用すると，直接的な利用者以外でも容器が低額ながら経済的な価値を持つことになり，廃品回収業の異なる形態としてビジネスになり得る。また空き缶やびん以外に乾電池などの有害物を含む製品にもデポジット制を導入することによって回収率が高まるということで導入を求める声も強い。

(3) 環境税

　環境保全を目的とする税である。実際の適用範囲の中心は炭素税であり，これは石油，石炭などの化石燃料の使用に対して課税をする。環境に負荷をかける企業ほど課税額が多くなり，価格にそれが反映され，結果的に環境にやさしい製品を出す企業が市場競争力を保持するような市場の原理を導入した環境のための施策である(3.2参照)。課税による市場メカニズムによって化石燃料の価格が上昇することで使用量をコントロールし，温暖化などの主な原因を抑える役割を持つ。

　こうしたシステムを実現するためにより省エネルギー技術が進めば温暖化の要因の二酸化炭素の排出量が減少し，その税収が環境の保全に充てられる。

　環境に負荷を与える企業に対する国民への負担を課すことで，省エネルギー技術へのインセンティヴを高めていくことが考えられている。また税収を温暖化防止対策などに充てることができれば一石二鳥でもある。

　すでに北欧諸国とオランダでは環境税を導入している。地球の使用料を適正に払う観点からも今後日本においても検討が必要とされる。またごみ版の環境税も想定できるだろう。

(4) グリーン購入

　2000(平成12)年6月に公布され2001(平成13)年4月から施行されている「グリーン購入法」(**環境物品調達推進法**)が注目を集めている。グリーン購入法は，政府機関，地方公共団体などは，あらかじめ物品の調達方針を定めて低環境負荷型の製品(文具・用紙・備品類)を購入(グリーン購入)し，毎年調達実績の公表などが義務づけられるものである。つまり，政府機関が率先して環境に配慮した製品を購入し，環境に関連する産業の活性化を少しでも支援しようという考え方の導入である。こうした政府の介入は，これまでの道路，港湾などの大型公共投資を重視したオールド・ケインジアン的な手法からの脱却にもつながる。

　この法律は，政府が環境意識の高まりなどの背景の中，資源循環型の商品・サービスの購入の推進を行うことを定めた法律である。通常，新たな技術を用いた製品は，初期段階では高価になりがちである。そうした場合，一般消費者の需要までを喚起することが困難な場合があることから，補助金制度を活用したり，政府の物品調達の際に優先購入制度を活用することなどにより，それらの製品の需要を拡大させる。その結果，製品の価格低下と，技術のいっそうの進展による効

率化を促進させる面で効果があると考えられている。

　民間企業においても，商品・サービスはもちろん，商品開発，経営マネジメント，経営方針なども今までの大量生産・大量消費型から資源循環型の環境経営の取組みが求められている。

　最近の「地球温暖化対策の推進に関する法律」などの法制度や計画などの中には，企業の自主的な環境保全活動を積極的に位置づけたものも多くあり，これに対応したビジネスがみられるようになってきている。企業を取り巻く市場，市民，政府の意識や取組みの変化など環境とビジネスの関わりが変化してきており，企業自らの考え方や具体的な取組みが市場規模を拡大していくことが期待される。グリーン購入に取り組む団体数や環境関連製品の販売額の増加により，製品やサービスの供給者となる企業においてもグリーン調達といわれる方法が実施されるようになってきている。また，グリーンコンシューマーと呼ばれる環境に配慮した商品や店を選ぶ消費者や，投資を行う際に企業の環境配慮行動を考慮するグリーンインベスターといわれる投資家が現れ始めたことも，企業の環境への積極的な取組みを促すことにつながっている。

3.9　今後成長が期待できる環境ビジネス

　今後期待ができる環境ビジネスにはどんなものがありそうかみてみよう。

(1) 経済財政諮問会議，環境白書では

　経済財政諮問会議がとりまとめ，2002(平成14)年1月に閣議決定された「構造改革と経済財政の中期展望」では，循環型経済社会に向けた対応により，民間の技術開発や製品開発の活発化，新たなビジネスモデル形成が促され，新規需要や雇用が創出されるとともに，環境問題への対応から生まれた日本の技術・ノウハウ・製品などが世界のモデルとなり得ることが述べられている。

　さらに，「平成14年版環境白書」では，環境負荷の少ない社会経済システムの構築に向けて市民・企業の取組みが大きく変化し，環境関連の市場が拡大しているとの分析を行い，持続可能な社会づくりが動き始めているとの認識を示している。

(2) 期待される分野

　環境ビジネスの分類は，３Ｒをベースに様々な分類が存在するが，環境ビジネスとして，公害防止分野，廃棄物処理・リサイクル分野，エコマテリアル分野，環境調和型エネルギー分野，エコシステム修復分野などがある。

　日本の公害防止分野は，1960年代の深刻な公害問題を契機に，公害防止技術中心に開発しているうちに世界的にはトップレベルの技術になってきた。排煙脱硫，脱硝装置といった日本の得意とするエンド・オブ・パイプビジネスである大気汚染防止技術，工場排水処理，合併浄化槽や河川や湖沼の水質浄化といった水質保全分野，土壌改良分野などがあり，今後公害問題が深刻なアジアや中南米への供給，輸出が期待できる。

　廃棄物処理・リサイクル分野は，静脈産業の中枢でもあり，ごみの収集から運搬，中間処理(焼却，破砕など)，再資源化，埋立処分を営んでいる。今後，企業の排出する廃棄物が廃棄物処理からリサイクルにますますシフトしていくことが予想され，リサイクル分野も注目されるところである。

　一方，エコマテリアル分野では，生分解性プラスチック，ケナフなどの非木材紙，環境負荷の低い素材などを扱う分野として最先端の分野でもある。現状では，ほとんどのエコマテリアルについて価格的な面から需要が少ない。どうしても既存の素材に比べて割高な状況であるため，こうした製品をつくる会社に対して税的な措置をとるなど，価格ダウンを誘発させるようなシステムも必要であろう。

　環境調和型エネルギー分野では，太陽光，風力，地熱などの自然エネルギーの利用，燃料電池，ごみ焼却発電，ヒートポンプ，コージェネレーション，低公害車などがあり，成長が期待される。

　エコシステム修復分野は，緑化事業，ビオトープ，環境共生型街づくりなど都市環境と大いに関係がある。公共事業として自治体や公共機関において，また近年では民間企業においても関心度が高くなっている分野である。また環境教育，環境に関する広告，環境金融，エコツアー，情報技術型環境ビジネスなどは，環境経営への高まりから環境コンサルティングの分野としても専門家が成長しつつあり，今後成長が予想される。

　従来型の社会経済システムを変革し，経済活動で使用される資源はできるだけ少なく，かつ循環的に使用するとともに，経済発展の内実を量的拡大から質的向上に変えていくべきであろう。

3.10 環境ビジネスの振興

(1) 環境ビジネスの振興策

ごみ関連ビジネスは，環境への負荷の少ない持続可能な社会づくりにつながる面を持っている。経済面でみても，技術革新や雇用機会創出の可能な分野として成長が見込まれる分野であるといえるだろう。環境政策の進展は，多かれ少なかれ，それに対応した新たなビジネスチャンスにつながるものである。

しかし現状では，環境関連製品についての市場のニーズは，まだまだ不透明な部分が多いのも確かである。市場規模や投資に関わる基礎情報が整備され，様々な形を提供することが必要がある。環境ビジネスがいっそう活発になるためには，個別の振興施策の実施と同時に，個別のビジネス分野の基礎となる市場規模の動向など情報の提供を積極的に行われていくことが重要なのだろう。

環境ビジネスを振興し，環境と経済の統合を図るためには，施策の確実な実施はもちろんのこと，消費者である国民，サービスや製品の供給者である民間企業，専門性を有するNPO，地域における施策の推進主体である地方公共団体，そして政府が，互いの情報を提供しつつ協力関係を築いていくことが望まれる。

(2) 環境関連製品市場の活性化

通常の事業活動や日常生活による環境負荷を低減しながら，経済社会活動全体を環境にやさしいものへと変えていくことは容易なことではない。しかし実際には，事業活動や日常生活において利用する製品・サービスをより環境にやさしいものへと変えていきながら地域を活性化していく面において，ドイツや北欧諸国のようにバランスをとった発展を遂げている事例もある。環境関連製品の市場を充実させながら，市場メカニズムを働かせ，環境を守りながら高度な生産活動を行うことに地域の生き残りがかかっていることを多くの市町村が認識していく必要があるだろう。

(3) 地域資源を活用した環境ビジネスの振興

環境ビジネスの普及振興は，地域の経済活性化という視点からも重要な役割を担っている。地域において，その経済の発展を図りながら資源循環を確立するためには，地域の個性を踏まえながら，住民，NPO，産業，研究者，行政などの

多様な主体の協働により，多品種少量生産技術や静脈産業技術などを活用して，地域の産業構造を転換していくことが必要である。地域の産業構造を転換し，環境ビジネスを地域に密着した形で振興していくためには，国からのトップダウン的な施策ではなく，むしろ各地域に根ざした取組みを国として支援していくというアプローチをとることが重要である。

(4) 海外への環境ビジネスの展開

急速に人口増加と経済発展が進み，環境負荷の増大が懸念されるアジア地域においても，環境ビジネスの果たす役割は大きなものとなっていくだろう。かつて深刻な公害を経験し，克服してきた歴史を持つ日本としては，これまで培ってきた公害防止技術や，公害防止の第一線で活躍してきた様々な人材を最大限活用することができるだろう。アジア地域における環境保全の取組みに貢献するという面での日本の企業による環境ビジネスの展開は地域への貢献に結びつくものと考えられる。公害防止技術にとどまらず，日本の先進的な環境関連製品についても，アジア地域においてその普及が十分に進んでいるとはいえず，今後，積極的に日本発の環境関連製品の普及を進め，アジア地域における持続可能な社会づくりというより幅広い観点からも，積極的に日本の環境ビジネス産業を活用していくことの意義は深いだろう。

(5) ライフサイクルアセスメント (Life Cycle Assecment：LCA)

ライフサイクルアセスメントは，ある商品を考えた場合にその商品の環境に与える影響を，資源の採取，原材料への加工，商品の生産，運搬，消費，廃棄までの過程ごとに評価し，より環境負荷の小さい生産方法や，代替原料，代替製品を選択していこうとする考え方のことである。

1997(平成9)年6月に国際標準化機構(ISO)の規格ISO 14040で原則および枠組みが発行された。日本のLCAの手法は現在まだ確立しているとはいえないが，ISO 14040の規格では，①目的および調査範囲の設定，②ライフサイクルインベントリ分析(プロセスごとの資源エネルギー＝インプットと排出物＝アウトプットを計算し，明細書をつくる)，③ライフサイクル影響評価(インベントリ結果による環境負荷の評価)，④ライフサイクル解釈(②，③の結果の評価)，⑤報告，⑥クリティカルレビュー(実施方法が規格に合致しているか確認)の6段階となっ

第3章　ごみをめぐる経済メカニズム

表3.3　様々な環境保護マーク

マークおよび名称	マーク策定者および連絡先	マークの目的など
スチール	再生資源利用促進法 第2種指定製品	スチール缶，アルミ缶の識別分別回収の容易化およびリサイクルの促進（飲料，酒類が充てんされたもの）
アルミ	再生資源利用促進法 第2種指定製品	スチール缶，アルミ缶の識別分別回収の容易化およびリサイクルの促進（飲料，酒類が充てんされたもの）
Ni-Cd	再生資源利用促進法 第2種指定製品	ニッケルカドミウム電池の分別回収の促進容易化
PET	再生資源利用促進法 第2種指定製品	ペットボトルの分別回収の促進容易化
（リサイクル）	リサイクル推進協議会	リサイクルを国民運動として広く展開していくためのシンボルマーク
（エコマーク）	財団法人日本環境協会エコマーク事務局	商品選択を通じ，環境にやさしいライフスタイルに誘導
グリーンマーク	財団法人古紙再生促進センター グリーンマーク実行委員会事務局	古紙使用製品の利用拡大
非木材紙	非木材紙普及協会	木材の代替資源としての非木材紙の利用の促進
TREE FREE	日本リサイクル運動市民の会	木材の代替資源としての非木材紙の利用の促進
R100	ゴミ減量化国民会議	再生紙使用マークで，古紙配合率100％再生紙を使用いていることを表示
GPN	グリーン購入ネットワーク事務局	グリーン購入の会員であること，グリーン購入に取り組んでいること，同ネットワークや活動を紹介するなどの目的に限って使用
（牛乳パック）	全国牛乳パックの再利用を考える連絡会	牛乳パックの回収だけでなく，その再生利用の促進
（R）	日本酒造組合	500 ml統一規格びんの返却促進によるリサイクルの推進
（空き缶マーク）	社団法人食品容器環境美化協会	空き缶の散乱防止およびリサイクルの推進
PET 1	米国プラスチック産業協会	プラスチック廃棄物の効率的な分別を行うことを目的とする，図の番号は下記のものを示す。 1番表示はポリエチレンテレフタレート（PET）で（飲料，酒類，醤油が充てんされたものは）強制マーク 2番表示は高密度ポリエチレン（HDPE）で自主マーク 3番表示は塩化ビニル樹脂（PVC）で自主マーク 4番表示は低密度ポリエチレン（LDPE）で自主マーク 5番表示はポリプロピレン（PP）で自主マーク 6番表示はポリスチレン（PS）で自主マーク 7番表示はその他（ポリカーボネート，エポキシ樹脂，セロファン，ナイロン，メラニンなど）で自主マーク

ている。

　スイスのスーパーマーケットのミグロスが，食品容器についてこうした考え方を初めて導入した。環境影響を定量的に分析評価するためのデータ不足が課題とされるが，一部のメーカーでは独自の手法を研究している。現在，ISOで評価基準の標準化が検討されている。環境省でも手法を検討しており，エコマークの認定基準に取り入れることも考えられている。

(6) 環境保護マーク

　現在，環境保護に関する規準や性能を示す様々なマークが生活用品や商品につけられるようになってきた。こうした環境保護マークのうち，代表的なものを表3.3に示す。例えば，エコマークと呼ばれるものは「ちきゅうにやさしい」と書いてあって，下には，「みどりのほご」，「みどりのほん」と書かれた地球を両手で抱きかかえたマークのことである。日本環境協会によるエコマーク制度は，1989(平成元)年にスタートした。環境保全に役立つと認定された商品につけられるマークであり，日本環境協会が事務局になっている。ISOの定める環境ラベルには3つのタイプがあり，タイプⅠは第三者認証の環境ラベルのことで，タイプⅡは自己宣言による環境主張型ラベル，タイプⅢは環境情報表示型のラベルである。エコマークは，タイプⅠの第三者認証のラベルにあたる。エコマークには3つの特徴があり，①ライフサイクル全体を通して環境への影響を考え，リサイクルだけでなく生産から廃棄まで商品の一生を通して環境に配慮されている商品にのみつけられる，②産業界，消費者，学識者などから構成される委員会で，紙製品，プラスチック製品などそれぞれの種類ごとにエコマークを認定するための基準を決め，その認定基準に基づいて認定する，③環境問題の専門家による審査委員会で基準を満たしているか確認し，第三者認証が行われる，といったことが挙げられる。

　1989年から始まったこの制度は，今日，消費者の認知度も高まってきたが，認定の基準のあいまいさが指摘されるようになった。現在の基準は，他の商品に比べて環境への影響が相対的に少ないことを目安としている。しかし，ISOで環境ラベリングの標準化の動きがあることや，技術的・客観的な基準を求める意見が出されているため，ライフサイクルアナリシスの導入や，積極的に生産サイドを誘導していく手法などを含めて，環境省では基準の見直しに着手している。な

お，エコマークは登録商標で，つけるためには協会に使用料を払い，契約を結ぶ必要がある．

参考文献

1) 金本良嗣：開発利益の計測とヘドニック・アプローチ，道路投資の社会経済評価(中村英夫編，道路投資評価研究会著)第8章，東洋経済新報社，151-165，1997
2) 金本良嗣，長尾重信：便益計測の基礎的考え方，道路投資の社会経済評価(中村英夫編，道路投資評価研究会著)第5章，東洋経済新報社，75-99，1997
3) 環境省：報道発表資料
 http://www.env.go.jp/press/
4) 上田孝行，髙木朗義，森杉壽芳：社会資本整備の費用便益分析における事業効果と税収変化に関する一考察，土木学会論文集，No.653/IV-48，77-84，2000.7
5) 太田勝敏，金本良嗣，山根孟：アメリカにおける道路投資評価，道路投資の社会経済評価(中村英夫編，道路投資評価研究会著) 第19章，東洋経済新報社，373-388，1997
6) 社会資本整備の費用効果分析に係る経済学的問題研究会編：費用便益分析に係る経済学的基本問題，建設省建設政策研究センター，1999.11
7) 建設省建設政策研究センター：社会資本整備の便益等に関する研究，1997.10
8) 竹内佐和子：欧州における社会資本整備のあり方，道路交通経済，1996.4
9) 中村英夫編，道路投資評価研究会著：道路投資の社会経済評価，東洋経済新報社，1997
10) エコビジネスネットワーク編：地球環境ビジネス'96～'97，二期出版，1995
11) 武木高裕：環境技術で生き残る500企業，ウエッジ，1999
12) 志築学：環境・エコニュービジネス200選，日本実業出版会，1999
13) 牧野昇：環境ビッグビジネス，PHP研究所，1998
14) 日本機械工業連合会・日本産業機械工業会：環境ビジネスに関する調査報告書，1995
15) 環境省：環境ビジネスの市場規模および商用規模に関する調査研究，2000
16) 経済財政諮問会議：構造改革と経済財政の中期展望，2002
17) 環境省：平成14年環境白書，2002
18) 植田和弘：環境経済学，岩波書店，1996
19) 植田，落合，北畠，寺西：環境経済学，有斐閣ブックス，1991
20) 環境省総合環境政策局環境経済課
 http://www.env.go.jp/press/

4

環境共生型のごみ技術

4.1 ごみを取り巻く技術
4.2 企業分野ごとの環境問題に対する取組み
4.3 ごみ関連ビジネスの分類
4.4 企業の技術的方向性

最終処分場でのごみ埋立の様子(東京湾中央防波堤最終処分場)

4.1 ごみを取り巻く技術

　近年，ごみを取り巻く技術もめざましい発展を遂げている。トータルな環境技術として，ごみ関連のテクノロジーは注目の的でもある。日本がこれから，地球環境改善に貢献しながら，技術立国としての建て直しを進めていくうえで，ごみ関連技術は新しいフロンティアでもある。そこで近年，ごみに関して技術的な発展を遂げている内容について整理する。

(1) 経済発展と技術

　経済の発展と環境は相反するもの，開発途上国の経済発展には環境問題は足手まといという考え方が現在でもある。しかしかつての公害大国日本がそうであったように，環境を汚染しつくした後に手を打つことがどれだけ国土に負荷を与えるかがわかるようになってからでは遅い。経済成長と環境保全を同時に行うことができないか，これから21世紀の人間の知恵と技術が試される場がきているといってもよいだろう。環境に対する積極的な取組みが企業内部の責任感を生み出し，リサイクルなどによるコストの削減や資源の有効活用を図ることでトータルなコストの削減を図ることも可能という認識からスタートしなくてはならないだろう。

(2) 企業による技術的対応の必要性

　一方で，APEC諸国や開発途上国などの現在著しい勢いで工業化が進んでいる国々は，技術的にも環境への対応が十分にできているとはいえない。

　中国では，経済開放政策が継続する中で都市を中心として急激な工業化が進み，大気や水質汚染が進行し，環境水準が低下している。こうした大気や水質汚染は，国境を越えて，やがて中国国内のみならず，日本や周辺諸国に対して深刻な被害を及ぼしていく可能性が高い状況となっている。中国国内での重化学工業の生産ラインから放出される窒素化合物や二酸化炭素の量は，大量の化学物質を排出しているといわれている。

　例えば，中国の電力開発は，「火主水従」といわれ，少なくとも1990年代まで発電量の全体の70％近くが火力に依存してきた。この中国の特徴は，広大な国土を擁し，産炭地と消費地を結びつけるために鉄道輸送網および港湾設備の建設

の必要性を意味している。そして巨大鉄道網をベースとして結びつけられている。化石エネルギーを大量に燃焼させることにより，二酸化炭素や窒素酸化物を排出しているわけだが，21世紀に入ってこれまでと同じペースで大気汚染が進行すれば，アジア地域にとっても重大な環境危機を及ぼしかねない。このため，日本は，環境面における技術協力など積極的にできることを行っていく必要性が大いにありそうである。

かつて，アフリカなどの開発途上国が経済的な発展を遂げられるのなら，環境は二の次でよいという意味で，We want pollutionと国際会議の場で発言したのは有名な話であるが，このようなことがアジアでも起こるのなら，日本にも影響がやがて出てくることだろう。忘れてはならないことは，環境問題には国境がないということである。また，日本で多くの問題を残してきた事実があることである。

4.2 企業分野ごとの環境問題に対する取組み

ここではまずいくつかの企業による分野ごとの環境問題に対する取組み例をみてみると，次のようになる。

(1) 自動車業界

自動車業界では，トヨタが電力とガソリンのハイブリッド型のプリウスを販売し始めたことから，世界に先駆けて環境対応型の低公害車への取組みが盛んになってきている。オイルショック以降，いわゆる省エネルギー型の自動車が全世界の方向性となっているが，日本でも活発に環境対応の技術が進展しているといえるだろう。

特に最近注目されているのは，ガソリンに代わるクリーンなエンジンとしての燃料電池という技術である。燃料電池は，水素を燃やすことによってエネルギーを取り出すわけだが，このときに排出されるのはH_2O，つまり水であり，環境に対して負荷を与えることはない。これまでも電力自動車は観光地などで限定的に使用されてきたが，今後はこうした新しい技術を積極的に取り入れることにより自動車業界全体の環境対策を図っていくことが考えられている。また，解体し資源として再生化することが簡単に行えるように，元からリサイクルを前提した解体しやすい車づくりということが求められてきている。現在でも，鉄などは大

いにリサイクルされているが，プラスチック部分やガラス，電子機器部品などが簡単に解体でき，再資源化を容易にすることによって，より環境にやさしい車としていくことが可能だろう。解体してもごみにならない車が，これからの時代の先端を行く車となる。

(2) 建設業界

　建設業では，建設廃棄物など大量の廃棄物を発生させることが以前から問題となってきた。特に，建設を行う事前に解体作業などで発生するコンクリート，鉄などの大量の資源は，なんとかしてリサイクルすることが望まれてきた。しかし，ほんの10年ほど前までは，埋立事業などに使用することはあっても，再生して新たに資源として活用するという発想はあまりなかった。特にコンクリート工事の際には，型枠といって型を取ったら廃棄してしまうベニヤや木材などの廃棄について，森林伐採の観点からも大きく問題視されてきた。こうした建設廃材に関するリサイクルをめざして，現在，各建設会社による取組みが行われている。

(3) 繊維業界

　被服や衣料に関しては，古着などの形で以前から小規模のリサイクルは行われてきたものの，古くなったものは，廃棄処分となることが通常多くあった。
　しかし，近年ではペットボトルの材料であるポリエチレンテレフタレートなど，化学的には安定した素材を使って繊維として再生し，衣服やカーペットなどへと再生を行う技術が発達してきている。しかし，その一方でコストがかかり，新しい原料からつくった方がコスト的には安くあがるという問題もある。品質的には新品と変わらない製品であっても，値段が高ければ消費者としては選択しにくいという問題点がある。

(4) エネルギー業界

　エネルギー業界は，石油，石炭，天然ガス，原子力など最も環境に対する影響を多く及ぼす業界であるといえるだろう。電力会社やガス会社にとっては，近年では温室効果ガスの排出などの問題に対して積極的に対応していくこと，問題を自ら解決していくことが求められている。
　地域や住民に対しても敏感にケアを行っていくことが求められている。また，

最近では，熱効率を上げ，限られた資源を有効に活用していこうという考え方があり，コージェネレーションといわれる。コージェネレーションは，電気を起こすとともに，そのとき発生する廃熱を利用してエネルギー効率を高めようというシステムである。

　普通，発電所で発電した電力を使っているが，火力発電所や原子力発電所の場合，発電時に廃熱が発生する。電気を起こすために発電機を回すが，それを回すのはタービンである。そのタービンは，高温高圧排気ガスや高圧蒸気の膨張力によって回転する。この排気ガスや蒸気の廃熱の大半は，通常そのまま利用されずに捨てられている。仮に入力エネルギーを100とすると，電力になるのは，だいたい35％くらいであり，実際には残りのエネルギーは有効に利用されておらず，廃熱として捨てられてしまっている。さらに発電所から電気を使う末端までは送電ロスも5％くらいある。この場合，実際に使うエネルギーは，30％程度になる。これに対してコージェネレーションは，電気を使う所に発電機とそれを回すタービンやエンジンを設置するから送電ロスはほとんどないし，熱も利用できる。これは，給湯や空調機械で熱を消費するものと連携をもたせることで有効にエネルギーを活用していくことができるようになる。熱と電気の消費割合である熱電比が大きくなるほど，つまり，電気に対して熱の消費量が大きくなければ，その効率は上がらない。

　また風力発電や太陽電池など環境に対して負荷のかからない発電方式も改めて見直されてきており，家庭で発電した電力を電力会社に売電することができるシステムも最近では登場してきている。

(5) 重化学工業

　重化学工業の中でもケミカルの分野は，昭和40年代から様々な公害問題をはじめとして日本の自然環境に対して多くのダメージを与えてきた。古くは足尾銅山鉱毒事件に始まり，水俣病，イタイイタイ病など，日本の公害ぶりを世界に知らしめた原因をつくったのものこの業界である。しかし，今日，環境基準が厳しくなることによって，一時期ほどのヘドロと大気汚染の重化学工業地帯のイメージから脱却を図りつつあるのかもしれない。

　脱硫装置をはじめとする環境保全のための措置は，日本の中では徹底されているが，ひとたび海外に目を向けると，こうした技術さえ十分にフォローされてい

ない国々も多くみられる。こうした公害が依然として進行している国々に対し，日本は積極的に技術提供を図っていく必要があると考えられる。

(6) 製紙業など

中世の静岡県田子の浦は多くの歌にも詠まれる静かで美しい海であったが，昭和40年代の田子の浦はヘドロの死の海の象徴になっていた。これは林立する製紙工場から出される廃液によるもので，著しい環境の破壊が行われていた。現在では，田子の浦は最もひどい状態を脱し，表面的には以前の環境を取り戻したかにみえる。しかし，海底や近海の魚類には当時の汚染化学物質が堆積，蓄積されている可能性が十分あり，必ずしも完全に安全な海に戻ったとはいえない。

製紙業をはじめとした，水を大量に使用し，工場から廃液を出し，環境に大きな負荷をかけている企業については，これからも監視の目が必要となるだろう。

(7) 農林水産業

農林水産業は，もともと自然を相手にしてきたということで，環境問題には最も関係が深く，環境に影響を受けやすく，また与えやすい業界であるといえるだろう。戦後の農業は，化学肥料や農薬を使用することによって生産量を確保してきた。しかし農薬などは，昆虫や雑草などを除去する機能がある一方で，人間に対しても悪影響を及ぼすことが十分に予測される。こうした化学肥料や農薬を使用しない農作物などが人気を集めている。

一方，水産業についても日本の近海の魚については公害による汚染の心配などから遠洋漁業に生産がシフトしてきていた。近年では，つくり育てる漁業の必要性などから高級魚の養殖など再び近海での漁業が着目されている。水質汚染など環境との調和が直接的に関係するケースが増えている。

日本ではあまり焼き畑農業や森林火災といった観点はあまり問題にはならないが，特に東南アジアなどでは，深刻な環境問題となってきている。

4.3 ごみ関連ビジネスの分類

次に，第1章で環境に関する分野として取り上げた3Rの考え方であるが，① Reduce(リデュース)：減らす，② Reuse(リユース)：再利用する，③ Recycle (リサイクル)：再資源化に④ Renewal(リニューアル)：再生可能を加えて4Rご

み関連ビジネスという観点から分析してみる。

(1) Reduce（リデュース）ビジネス

　高度成長期の頃から大量生産，大量消費，大量廃棄が日本の中では進んできた。こうした背景の中で従来の処理方法では処理できないプラスチックなどの合成物質や半導体，自動車・家電などの耐久財や消費財の増加によって大量の商品の買換えサイクルが早まり，用済みの商品は簡単に廃棄されるようになってきた。その結果として廃棄物の処理・処分が問題となっている。リデュースビジネスは，環境に負荷をかけるようなものをなるべく減らしていくことで，発生するごみを減らす機能を持ったビジネスということになる。簡易包装など，これまで過剰に包装され気味であった商品の包装を簡単にすることも身近なリデュース機能である。包装紙の印刷を省略し，ごみ出しにも使用できる半透明型のスーパーの袋なども登場してきている。ごみになるようなものは買わない，ごみを減らすというタイプのビジネスである。また，違う言葉でいえば，減量化，省エネルギー型のビジネスといえるだろう。

　ごみ関連ビジネスでいえば，ごみの圧縮機や減容機などがある。また，中間処理場やスーパーマーケット，食品工場，卸売市場，コンビニエンスストアなどで大量に発生する生ごみを圧縮する機械などがある。

　中でも，産業廃棄物処理ビジネスはすでに巨大産業になってしまっている。あまりにも巨大であるので，そのコントロール，監視も現在大きな問題になっている。現在，産業廃棄物処理ビジネスも曲がり角にきており，将来に向けて業態，ビジネスシステムの再構築が必要とされる分野である。

　かつてごみ処理業といえば，その大半が**産業廃棄物**や建築廃棄物が対象であった。ところが，東京都が1996(平成8)年12月から事業所から排出されるごみの回収を全面有料化したほか，1997(平成9)年4月から**容器包装リサイクル法**が施行されるなど一般の廃棄物処理の環境が大きく変わりつつある。そうしたことから，これが新しいビジネスチャンスとして注目されるようになっている。東京都では，回収有料化の対象になるのは年間約155万tの事業所のごみである。単純計算で年間約440億円が見込まれ，この新市場に注目し，埼玉県内の事業者が自由が丘の商店街の事業所と個別に契約して，毎日午前0時を過ぎると清掃車数台を出し，約800の店舗から出るごみの回収を年中無休で行うなどのサービス展開

も出現してきている。

① 生分解性プラスチック(Biodegradable plastics)
　本来，自然分解されることがないプラスチック廃棄物も微生物に分解(生分解)させて生態系に取り込むことができれば，ごみ問題の解決につながるはずであり，こうした環境への配慮のもとに開発された新しいプラスチックのことをいう。最近，シャンプーの容器や使い捨てカミソリの柄など一部で使用され始めている。生分解性プラスチックとして，ⓐ 微生物が生産するヒドロキシブチレート系ポリエステル，ⓑ 植物由来(セルロース，デンプンなど)や動物由来(エビやカニの甲羅に含まれるキチンなど)の天然高分子そのもの，あるいはそれを原料とした合成高分子，ⓒ もともと生分解性を有する合成高分子ポリカプロラクトンと他の汎用プラスチック(非生分解性)とのポリマーアロイなどが開発されている。安全性に関する総合的評価やコスト低減への努力が進められる中，ⓒ の材料についても，ポリカプロラクトンが土壌中で分解されると，非分解性の汎用プラスチックは細かな繊維状になって土壌改良剤になるという報告もある。

② 生ごみのコンポスト化
　コンポスト化は，生ごみを肥料として資源化することができる技術として産業界のみならず家庭においても有効性が期待され，その役目が大きくなってきている。日本の外食産業では，現在，食べ残し率は約5.1％である。本来なら食べることができるものが捨てられているのである。不況にあえいでいるはずの日本がなぜこのような無駄な食品管理を行っているのか，本来なら残飯になるものをなるべく少なくしていくことが重要であるが，例えば立食パーティーなどで提供される食事の残りを再度他のパーティーに出すことは許されない。いくらもったいなくても，残飯として処理しなくてはならないものは実に多いといえるだろう。

　またコンビニエンスストアに並べられる弁当にしても，これらがすべて完売しているとは考えにくい。実際問題として，コンビニ弁当の約4割は，残飯として処理されているということである。

■外食産業での様々な取組み
　日本では1980年代以降，外食産業が花盛りである。その生存競争も著しいが，大量に発生する食べ残し食材を環境にやさしい形でいかにリサイクルしていくかという試みが様々な面で始まり出している。大量に残飯の発生するファーストフ

ード店やファミリーレストランではどのような取組みをしているのか少しみてみよう。

　食べ残しの料理や野菜くず，調理油などのリサイクルにファーストフードやファミリーレストランなどの外食産業が取り組み出している。例えば廃油を配送車の燃料にしたり，生ごみからつくった堆肥で育てた野菜を外食産業が買い上げたりしている。施行された食品リサイクル法もこうした傾向を後押ししていると考えられている。

■野菜くずを店ごとに処理する試み

　全国展開するハンバーガー店においても，最近，首都圏の直営店に生ごみ処理機を実験的に導入することを始めている。このシステムは，小型の乾燥タイプで，店舗のシンクの下に置く。1回に約5 kgの野菜くずを約6時間半で1割ほどに減量処理する。この原料を契約農園で家畜の糞に混ぜて堆肥化し，その堆肥で栽培した野菜が同社に納品され，循環型の食品リサイクルになる。

　1店舗当り1日5～8 kg程度の野菜くずが出る。多くの店では処理機を1日に1回稼働すれば処理できる計算である。この会社の環境推進グループでは，将来的に排出事業者の責任として，直営店に導入する考えを示している。

■居酒屋における取組み

　居酒屋を全国展開するチェーン店でも，10店舗程度で乾燥型生ごみ処理機を導入する実験が始まっている。肉や魚なども粉砕して乾燥させ，1回に約15 kgの生ごみを処理する。ただし，成分の安定が難しく，処理した生ごみは堆肥ではなく，ニワトリや豚の配合飼料の一部として使うことも考えられる。現在，1店舗で日量約60 kgの生ごみが出るが，大半は可燃ごみとして出している。減量化することで，回収コストも削減できる可能性がある。

■食べ残し，共同で堆肥化

　堆肥工場で洋食や和食などの外食チェーンの数十店舗から集められた食べ残しなどのごみが粉砕機にかけられ，発酵タンクに投入される。外食から集めたごみ日量500 kgに近隣スーパーから出た野菜くず1 tほどを合わせて発酵させ，約2箇月で堆肥ができあがる。組合の農家にナシ畑などの堆肥として配るほか，将来的にはキャベツなどの野菜を栽培して，外食チェーンに食材として使ってもらうことも考えられている。ただし，スプーンや空き缶が混入しているケースもあり，分別搬出が大切である。ファミリーレストランだと1店舗のごみは，日量10～

20 kg程度であり企業ごとに回収して回るのはコストがかかる。企業の枠を超えてエリアごとに集めていく方が効率がよい。

■食べ残し率は5.1％

食品リサイクル法では，食品廃棄物の排出削減，再資源化を食品産業に義務づけ，5年後までの目標として20％以上の排出削減を定めている。2000(平成12)年度の農林水産省の調査では，外食産業でのロス率(食べ残し率)は5.1％だった。また，食品産業を対象にした同省の資源リサイクルの実態調査によると，外食産業のごみの減量化率や再生利用率は，食品製造業や小売業などと比べて低い。

③ バイオレメデーション

石油，有機溶剤，重金属などによる汚染を微生物によって修復する技術で，従来法より安価でしかも効率よく無毒化する方法として期待されている。NEDO(新エネルギー産業技術総合開発機構)では，トリクロロエチレン(TCE)による土壌汚染にスポットを当て，「バイオレメデーション」技術の有効性を実証するとともに，実際に微生物が汚染の浄化にどのように関与しているのか，あるいは，バイオレメデーション技術が環境に与える影響などを解明していくことを検討している。アメリカで先行している技術で，日本ではまだ実用化されていないが，環境庁は1999(平成11)年3月，この手法を実施した場合，かえって環境に悪影響を与えないようにするための指針を策定した。

1997(平成9)年のナホトカ号重油流出事故を契機に，既存の物理的・化学的手法での油回収技術に加えて，バイオレメデーションによる油汚染の浄化に対する期待が高まっている。しかし，この技術は，現場の状況によって効果が異なること，生態系に与える影響が払拭されていないなど，その有効性と安全性の問題が十分解決されておらず，適切な技術の確立が求められている。

安全で確実，しかも安価な汚染処理技術としてバイオレメデーション技術に対する期待は大きい。今後，この技術の有効性，安全性を証明していくことにより，環境技術産業技術として日本に定着し，広く利用されることが期待される。

また，環境中での微生物の高感度検出技術は，バイオレメデーションだけでなく，バイオ産業全般にとって今後重要性を増す技術である。

④ 解体技術

家電製品の素材は，プラスチック類，電子部品などの金属類，ガラスを含むその他に大別できる。解体方法は，家電の種類によって異なる。冷蔵庫などは，ま

るごと一気にシュレッダー(破砕機)にかけて破砕,粉砕し,金属などの材料を磁石などで取り出し,残りはシュレッダーダストとして埋め立てるのが現状のやり方である。

しかし,この方法ではリサイクル率はよくて5割程度といわれている。これを欧州並みの8割以上に高めるには,製品を破砕する前に手作業でプラスチック類,金属類などに分けるのが一番である。冷蔵庫なら,プラスチック類,電子部品などが取りつけてある基板やモーターなど素材別にある程度分解してから,それぞれを破砕する。金属は,比重が異なるから,風力や振動装置によってある程度分別することはできる。鉄,アルミなどに分別できれば,有価物として再販できる。

手作業で事前に区分けしておけば,ものによっては9割以上のリサイクル率になるとのデータもある。テレビは,ブラウン管を取り外し,プラスチックと電子部品を解体してから行う。ブラウン管は,テレビの重さの約6割を占め,これらのガラスについては,ブラウン管として再利用することができる。ただし,家電メーカーによってブラウン管のガラスの組成は微妙に異なるため,複数のメーカーのブラウン管をまとめて再生利用することは現状では難しい。分別に手間をかけるということは,時間と人手がかかるということである。すなわちコストがかかるということでもある。シュレッダーで一気に粉砕すれば1t当り2万円前後で済むが,手作業を加えた分別を行うと,その2倍以上のコストがかかるといわれる。その問題をどうクリアするかが大きな課題なのである。プラスチックと同様,解体リサイクルで厄介なのが電子部品を取りつけた基板である。電子部品だけでなく,電子部品をつなぎ合わせるハンダに使う鉛も家電リサイクル法では回収対象になっている。鉛の回収は,非常に細かな作業が必要になるので,鉛の代替となるスズ,銀,亜鉛などをハンダに使う研究などが様々な企業において行われている。

■粗大ごみ破砕機の開発

1955(昭和30)年頃から,テレビ,洗濯機,冷蔵庫などの大型家電品が大量消費されるようになり,1965(昭和40)年頃にこれらの処理・処分が問題化してきた。これらの問題を解決すべく,1968(昭和43)年頃から大型家電品などの処理技術の研究開発が着手されるようになった。例えば,実験工場にテスト機として粗大ごみ破砕機を設置し,テレビ,洗濯機,冷蔵庫,自転車,家具,鉄筋コンクリートおよびプラスチック類などの破砕実験が行われた。粗大ごみ破砕機は,岩

石，鉱石など衝撃力で破砕する破砕機に剪断力を付加したリングハンマー型の破砕機である。また，破砕機の供給側には大型ごみをプレ圧縮・強制供給および定量供給するキャタピラー型のフィーダーが設けられている。

■2軸低速回転破砕機による破砕

10年ほど前から2軸低速回転破砕機がごみの破砕機として使用されるようになった。この破砕機は，供給口が大きく，かつ低速回転であるため騒音・振動および粉じんの発生が高速回転破砕機に比べて少ないため，前処理破砕用として大型の洗濯機，冷蔵庫の破砕に，また，高速回転破砕機で処理することが困難な畳，じゅうたん，マットレスなどの破砕に適している。

⑤ 二酸化炭素固定技術

二酸化炭素は，地球温暖化現象の元凶ともいわれ，産業からみればいわば大気のごみであろう（もちろん植物からみれば，光合成のための重要な物質である）。現在，地球温暖化の原因となる二酸化炭素の排出量が様々なところで議論されているわけであるが，単純に考えると，発生した二酸化炭素を分解したり固定化してしまう技術があれば，問題はだいぶ軽減されるのではないかというのが多くの人が抱く疑問である。それに応える技術が少しずつではあるが研究が進められている。

■海中深く二酸化炭素を貯留する技術

海洋貯留技術は，1995（平成7）年にベルリンで開かれたCOP1で提案された固定化技術である。これは二酸化炭素を液化し，水深約1 000 mの深海に放出するという考え方である。もともと海洋は，大量の二酸化炭素を固定化する貯蔵庫である。海洋植物は，この二酸化炭素を使って光合成を行い，有機物と酸素をつくり出している。NEDOの調査によれば，海洋環境が吸収する二酸化炭素の量は，年間30億t程度と推定されている。

深海には深層流と呼ばれる流れがあり，この流れは日本海，南米のペルー沖，北大西洋などで湧昇流となって表層にわき上がってくることが知られている。このため，仮に深海まで二酸化炭素を持っていって深層に貯留したとしても，その後にどのような動きとなるのかなどは，まだはっきりとはわかっていない。海洋環境に与える影響などの研究を含めて，実現までにはかなりの時間を必要とすると考えられている。日本の経済産業省をはじめ，アメリカ・エネルギー省，ノルウェー・環境省との共同プロジェクトで進められている。

4.3 ごみ関連ビジネスの分類

■二酸化炭素を吸収・放出するセラミックス

　二酸化炭素を吸収・放出することができるセラミックスが現在開発されている。このセラミックスを使用することで，火力発電所や自動車の排ガスなどに含まれる二酸化炭素を吸収できる可能性がある。開発されたのはリチウムジルコネートと呼ばれるセラミックスである。450～700℃の温度で二酸化炭素に触れると化学反応を起こすセラミックスで，自分の体積の約400倍以上の二酸化炭素を吸収できる。二酸化炭素を放出するには，セラミックスを再度加熱すればよい。吸収した二酸化炭素を使って，メタノールや光合成などに利用することができる。

(2) Reuse(リユース)ビジネス

　ものを繰り返し使う，繰り返し使えるものを購入する再利用のビジネスである。中古品や再生の発想が必要となる。廃棄物になったものを有効にそのままの形で再利用するビジネスである。ごみとして発生した自動車部品やパソコンの部品などを再利用することもリユースビジネスということになる。大手事務機器メーカー，家電・パソコンメーカー，建設機器などでは，使用済み製品を修理して再生機として発売する動きもみられる。汚染防止，廃棄物処理などの問題が大きくなるとともに，資源の有限性が意識されるようになってきている。使用されなくなった廃棄物のうち，修理や手入れをすることでまたマーケットに復帰させ利用するリユースは，省エネルギー効果をもたらし，環境の汚染を最低限に抑える効果も持っている。

■リターナブルびん

　ガラスびんの世界では，1998(平成10)年にビール会社が発売したハンディタイプのびんビールが予想の2倍以上売れる現象があった。スーパーや酒販店では缶ビールが売れ筋商品であるというのが業界の共通した認識であるが，びんビールが売れたので予想外の現象であるととらえられた。スタイニーボトルはリターナブルびんで，酒販店などに空きびんを持っていけば1本につき5円を返金してくれる。リターナブルびんは，再利用ができるびんとして，リユーズする人にとっては有効な容器である。回収されたリターナブルびんは，およそ20回前後は使うことができる。だが，重く，かさばるし，持ち運びにくい，割れるという理由から敬遠されていた。輸送コストもかかってしまうということで，ビールはびんから缶へ，日本酒なども紙パック入り商品が続々登場していた。そこに，スタ

イニーボトルというリターナブルびんが人気を博したのは，消費者の環境意識の高まりが背景にあると分析されている。

■びんを自動選別する

1997(平成9)年度に生産されたガラスびんは，216万tである。そのうち約2/3が回収，リユーズされている。ガラスびんといっても，ビールびん，一升びん，ワインのびん，ウイスキーびんなど実に雑多な形と色をしている。ビールびんや一升びん，醬油の一升びんなどは，基本的には空きびんを回収して洗浄して，そのまま再利用できるリターナブルびんである。

このほかのびんは，1回だけ使用することを前提にしたワンウェイびんである。これらは粉砕されて再利用される。ただし，ガラスの色別に再利用されるため，色別に仕分けしなくてはいけない。現在，これらのガラスびんの仕分けは，ほとんどが手作業で行われている。このため処理できる量が限られ，コストも余計にかかる。そこで空きびんの自動選別機に対する関心が高まっている。びんの色を透明，茶色，青緑，その他の4つに分類して選別できる自動選別機を製造している企業もある。びんの色は，光を透過させてスペクトルを分析し，識別する。これらは都内の自治体で導入，使用されている。

CCDカメラでガラスびんを識別する方法もある。消防自動車の放水ポンプなどのメーカーでは，リターナブルびんの映像をCCDカメラでとらえ，その映像を専用のコンピューターが記憶している画像と照合，判別する技術なども開発されている。ワンウェイびんは，透明，青，緑，黒，茶の5つの色に識別できる。これも都内の自治体が導入している。

■本のリユース

リユースビジネスの中でも，最近成長が著しいのが古本販売のチェーン店である。このチェーン展開を行っている古本販売業者は，全国1 000店の開業をめざして神奈川県下からスタートし，現在全国的に展開中である。この古本屋の特徴は，従来の暗くて陰気な専門書を中心とした個人経営の形態のイメージを払拭して，広くて新しい明るい店舗の中に大量仕入れ，大量販売を行っていることである。古本についても汚れを取り除き新品同様にすることで価値を上げる工夫がなされている。

買取システムにも様々な工夫がなされていて，段ボールでの料金フリーでの回収や定期的に売れ残ったものを100円まで一気に値下げして在庫処分を行うなど，

これまでの古本屋ビジネスの常識にとらわれないサービス展開で売り上げを伸ばしている。同様のサービス方式の後発店も登場してきている。

(3) Recycle（リサイクル）ビジネス

　自分で堆肥化・飼料化する，リサイクル活動への協力をするビジネスである。古本屋，古着店などリサイクルビジネスは，かなり昔からあったものである。神田の古本街のような大規模なものは別として，これまでは市場規模としては大きいものではなかった。しかし，近年はフランチャイズ化された新しいタイプのリサイクルショップなども登場し，新しい市場を形成しつつある。

　ビールびんや空き缶などのデポジット制も比較的歴史がある。さらに，リサイクルセンターや中間需要としてのリサイクル機械類に関してもリサイクルビジネスが拡大しつつある。

　また乾電池などもこれまでの使い捨て型ではなく，ニッケル・水素型の充電式の電池など家庭のコンセントから何度でも充電できるタイプのものが普及することで，乾電池のごみ発生を減らすことに貢献しているといえるだろう。これも一種のリサイクルビジネスといえるかもしれない。

■焼却灰のリサイクル

　厚生省（現厚生労働省）では，焼却灰については溶融して処理することが望ましいとする方針を打ち出している（1997年）。焼却灰を溶融炉で処理して体積の少ないガラス状のスラグにすれば，道路建設を行う際の路盤や骨材として利用することが可能である。例えば，道路の骨材はどんなに強度が強く，性能が高いものであっても，宇宙工学で使用されるような高価なものや希少性の高い材料は不経済である。したがって，地面の下に埋めるものとして，こうした元をただせば汚泥であったものを安価に有効活用することができるのであれば，リサイクルとしても有用である。近年，こうしたスラグからつくった材料についても天然石とほぼ同様の強度，性質を持ち，半永久的に使用できる人工石をつくることができる技術が登場してきた。こうした技術を背景にリサイクルビジネスが展開していくことで，地球環境保持に貢献ができる。

① 建設廃材

■建築廃材処理技術とリサイクル

　環境問題を考えていく際に重要な問題の一つに，リサイクルの問題がある。日

本は多くの原料を外国から輸入し，加工貿易などの生産活動によって富を蓄えてきたわけであるが，輸出品以外の廃材は国内に大量に堆積していく運命にある。こうした状況の中で，特に建設業は，その取り扱う分量や金額も多い産業であり，大量の建設廃材を生み出す。これらの大量の廃物はただ最終処分場としての埋立地に埋めればよいわけではなく，コンクリートや鉄など限りある資源をリサイクルし，再び資材としてよみがえられる工夫が必要であるといえるだろう。こうした建設廃材をうまく処理していく方法はないのだろうか。ここでは，建設産業廃棄物処理技術の歴史や特徴について考えてみよう。

■建設廃材の問題を考える必要がある

　建設業全般において再開発の際に取り壊した鉄筋コンクリート造の建築物から発生する廃材や，新規建築物の構築の際に使用した型枠用木材の廃材が大量に発生する問題がある。これらの建設廃材は，多量に発生してもその輸送コストなど経済的な理由から十分な処理が行われてこなかったといえる。しかし，処分場の残存年数の減少に伴って，建築廃材の処理技術開発の必要性が大きくなっている。住宅においても，廃材の処理に関しては，地方自治体も頭を痛めている。

■建設産業廃棄物の歴史

　建設廃材は建築工事が行われると大量に発生するが，これに対する根本的な対応策はあるのだろうか。建設廃材の処理技術の特許については1975(昭和50)年頃を頂点とするピークがあり，1984(昭和59)年最も出願件数が減少する。その後は，再び増加に転じて1992～95(平成4～7)年は100件/年前後の出願件数になっている。この件数の動きは，環境に対する関心度の高まりの推移と大いに連動していると考えることができる。技術分野別では，「廃棄物の破壊，有用化，無害化」処理技術が，処理の対象物では「残土，廃土，廃セメント」に関連する処理技術が関心を集めているといえるだろう。

■建設廃材処理技術にも様々な方法がある

　鉄筋コンクリート造の建築物をつくる場合には，型枠工事というものが必要となる。コンクリートは，石膏細工や鋳物のように形をつくる際に型枠を用い，この中にコンクリートを流し込むわけであるが，その型枠には現在でも大量のベニヤ板が使用される。このベニヤ板は基本的には捨てられるわけであるが，この材料の多くが南洋材であり，建築業界が環境保護団体から敵視されるのもこのあたりに所以があるといえるだろう。

基本的に個別の建築ごとに形が違い，それに合わせて成型し，しかもコンクリートの付着した型枠は再利用が難しい。したがって，今後はなるべくベニヤではない，例えばプラスチック製や金属製の再利用可能な型枠の積極的利用を真剣に考えていく必要性があるだろう。

■コンクリート内の骨材などへのリサイクル

　こうした中で，一つには有力な建設廃材の再利用方策として，いったん建設され解体された建築物から発生する廃材を有効利用していく方策がある。建設技術の発展により，コンクリートの塊を破砕して小石状に戻す機械も登場してきている。このような機械を使用することで，解体後の破砕コンクリート片を骨材（コンクリートの中に混入する砂，小石，じゃりなど）として積極的に利用していくことができれば，資源の有効活用と，最終処分場の手当の両方の問題に対して明るい材料となる。

　また，下水汚泥などの焼却後に残るスラッジをコンクリートの骨材として使用するビジネスなども出てきている。特に中高層階の部分などは，コンクリートの強度を保ちながら軽量にしていく必要性があり，こうした素材は資源の有効活用の面でも良い方向であると考えられる。

■国内の建設廃棄物，2020年度には東京ドーム60杯分

　国土交通省の予測によれば，ビルやマンションなどの解体や土木工事から出る建設廃棄物量は，2020年度には東京ドームの60杯分に当たる約1億300万tにもなる。コンクリートや木材など建設廃材の分別解体と再資源化が義務づけられ，解体工事に伴う排出が大きく増えることから，建設業界でどれだけ再資源化が徹底されるかがごみ減量に向けた課題となる。

　国土交通省の予測によると，2000（平成12）年度に8 500万tだった建設廃棄物の排出量は，5年後は9 500万t，10年度には9 800万tとなる。2020年度の排出量予測を分野別にみてみると，道路整備などの土木工事分野で約5 500万t，ビルや住宅の建築工事で約1 400万t，解体工事に伴い約3 400万tの廃棄物がそれぞれ排出される。土木工事と建築工事は，公共投資額や経済成長率の伸びが期待できないことから2000年度に比べ約200万tの微増にとどまる。逆に解体工事は，ビルや住宅の建替え，更新が進み，2000年度（約1 800万）の2倍近くに増える見通しだ。建設リサイクル法では一定規模以上の建築や解体で排出されるコンクリート塊や木材などを現場で分別し，再資源化することが義務づけられている。国

土交通省は，現在，コンクリート塊や木材のリサイクル率を10年度に95％とする目標を掲げているのが現状である。

② **廃家電製品・廃パソコン**

家電製品やOA機器などをつくるメーカーにとって，リサイクル時代の到来によってこれまでのものづくりの発想を全面的に見直さなくてはならない時期が到来した。ひたすら売れる商品，コストをできるだけ少なくした価格競争力を持つ商品，時代の気分に合った商品など，様々な開発コンセプトのうえにこれまでの製品はつくられてきた。最終的に消費者，利用者にその製品が受け入れられれば，それがどんなコンセプトで開発されたものであっても成功といえた。しかし，これからは開発コンセプトの第一に据えるべきは，ライフサイクルアセスメント（LCA）である。製品が生まれてから，その役目を終え，なおかつその後の始末までも含めて，二酸化炭素の排出量は多いのか，少ないのか。無駄なエネルギーを使っていないか，環境にどのような影響があるのか，ないのか。それらをきちんと評価分析しながら，ものづくりを行おうというのである。当然，廃棄後のリサイクルのことを最初から考えておく。そしてどんな素材を使うとよいのか考えて，簡単にリサイクルできるような仕組みにしておく。そういった視点がこれからの製造業には欠かせなくなってきている。

③ **廃プラスチック**

■ **マテリアルリサイクル**

廃プラスチックのリサイクル技術の考え方には，大きく2つの方向がある。一つはマテリアルリサイクルである。廃プラスチックをペレット状，フレーク状に粉砕し，それらを加工して，別な形の製品にする方法である。プラスチックの疑似木やケースに加工したり，あるいはバージンのプラスチックの原料に増量材として加えて，製品化するというものである。処理の工程が簡単であることが最大のメリットである。

もともと，ポリプロピレンなどのプラスチックは，中小の再生処理業者がバージン原料の増量材として処理してきた歴史がある。ボトルメーカーや化学製品のメーカーが，製造途中で出てくる不良品などをこうした再生処理業者に処分を委託していたのである。再生処理業者は，処分費を取って引き取り，再生原料に加工して再販売していた。

オイルショック以降は原油価格の高騰もあって，ビジネスとして十分成り立っ

ていたが，1980年代の終わり頃から事情が変わった．円高などによって原油価格が下がったため，再生原料の引取価格は下がり，需要も伸び悩んだのである．ところが，リサイクルなどの高まりの中で，この引取価格も上昇傾向にある．

■発泡スチロールを再利用する

　発泡スチロールの原料は，ポリスチレンである．そのポリスチレンに戻して再利用する技術が開発の中心である．ポリスチレンまで戻せば，あとは加工して梱包材などに再加工することができる．このため，発泡スチロールを溶かすための溶剤に関心が集まっている．当初，有望と思われていたのは，トルエンのような溶剤である．しかしトルエンは，発火しやすく取扱いに注意を必要とする．それを解決したのがミカンなどの柑橘類の皮に含まれるリモネンという物質であり，これを使用して，発泡スチロールを溶かすことができる．溶けた発泡スチロールからリモネンを蒸発させて，ポリスチレンだけを再び取り出すことができる．ポリスチレンは，再度，発泡スチロールの原料として使う．環境系のベンチャー企業が柑橘類から抽出した溶剤を使って発泡スチロールをゼリー状に溶かしてしまう技術を実用化し，リサイクル設備として販売している事例もある．マテリアルリサイクルは，比較的再生処理が容易なことが最大のメリットである．ただし，何度も再生利用すると，プラスチックそのものが劣化してくるという問題がある．もう一つの大きな問題は，分別作業が必要なことである．PETならPETだけ，ポリスチレンならポリスチレンだけというように，分別して初めて，再利用することができるのである．

(4) Renewal（リニューアル）ビジネス

　再生可能な環境に関するビジネスという意味で，太陽光発電や風力発電が環境ビジネスとしては分類される．ごみ関連でいえば，ごみ発電や，ごみのRDF化（後述）などが含まれる．

　すでにいったん使いものにならなくなった製品を修理したり，使用方法を変化させることでもう一度使用することができるようにする，ごみにもう一度命を吹き込むビジネスである．最近，たいへん注目を集めているのがスーパーごみ発電などである．

　処理，処分に困っていた家庭，飲食業，食品工業，生鮮食品市場，外食産業などから出る生ごみを短時間に質の良い堆肥にして，農村で化学肥料をあまり使用

しない有機農法向けに活用するシステムなど,新たな工夫が始められている。生ごみや紙,プラスチックごみ,繊維くずなどを処理して発電用,加熱用,融雪用など汎用性の高い燃料にするRDF(ごみ固形燃料)やRPF(プラ紙固形燃料)なども検討されてきている。

① バイオマス

■生物の機能を有効活用する

　陸上,水中を問わず地球上の植物は,太陽の光と二酸化炭素を使って光合成し,生長していく。バイオマスは,これら生物由来のエネルギーのことを指している。光合成作用によって生長した植物をエネルギーとして使い,エネルギーとして消費した後に出てくる二酸化炭素は,光合成作用によって植物に固定化される,再利用可能なクリーンエネルギーなのである。アメリカ,ブラジルなどではサトウキビやトウモロコシからエタノールをつくり,自動車の燃料として利用する技術が盛んである。ただし,日本ではこの技術はこれまでほとんど普及していない。日本のように土地が狭く,地価の高い場所で燃料のために農作物をつくるなどというのは,あまり意味をなさない。大規模な農地が確保できる国でなければ,バイオマスとして農作物をつくることができないのである。

　日本では,むしろ,生ごみなどの有機物が分解する過程で生まれるメタンガスをエネルギーとして利用する技術の研究などに重点が置かれている。

■農林水産省・環境省がバイオマスを検討

　農林水産省,環境省などは,共同して「バイオマス・ニッポン総合戦略」を策定し,温暖化対策循環型経済社会に役立つバイオマスの利活用についての総合的ビジョンを提示し,これに基づき地域の実情に応じた地域発のバイオマス利活用システムの構築を図ることをめざしている。

　地球温暖化対策推進法に基づく地域協議会を核とした温暖化対策モデル事業(バイオマス利用の新しいエネルギー供給・利用システム等推進など)として,畜産廃棄物のメタン発酵による公共施設への利用事業,生ごみのメタン発酵による公共施設などへの利用事業,木質バイオマス利用促進事業などを設定し,地方公共団体に対する補助制度の拡充を図り,地域ぐるみの取組みを推進する仕組みの構築をめざしていくことが重要であろう。

　また,温室効果ガス排出量の抑制に資するごみメタン回収施設の整備を促進するため,現行の集中型(1施設で1日処理量5t以上)に加えて,新たに電力の消費

地近くに設置することにより発電した電力の送電コストを削減できる分散型(複数の施設の合計で1日処理量5t以上)の施設についても補助対象への追加を検討してもよいだろう。

さらに，サービス部門の環境ビジネスとしては，自然指向の高まりにより，ニーズの拡大が期待される環境保全型自然体験活動(エコツーリズム)について，従前の西表島における取組みの成果を踏まえ，国立公園のモデル地域におけるその推進事業のあり方の検討を行い，地域資源の宝探し，ガイドラインの検討，人材育成などを通じてその普及を図ることなどが検討されている。これらを通じて，地域に根ざした個別具体の環境ビジネスプロジェクトについて，その推進を積極的に支援していくことが考えられている。

■メタン発酵を利用

ビール業界は，メタン発酵技術の優等生である。ビールを1本つくるためには8本前後の水が必要といわれている。ビールを醸造した後に設備を洗浄したり，ビールびんを洗浄するために必要な水である。洗浄後の汚水には，糖分など様々な有機物が混じっている。汚水は，メタン菌などを使って嫌気性処理を行い，浄化してから排水している。メタン菌が分解処理するとメタンガスが発生する。これらはビール製造で使用される熱源として再利用されている。また，メタンガスから分離した水素を燃料電池にも応用している。

長崎市内の企業では，生ごみを微生物で処理する過程で発生するメタンガスを使って発電を行うプラントを建設し，注目を集めている。コージェネレーションシステム(熱電併給システム)のガスタービンにメタンガスを燃料として使うというもので，生ごみを分解した残渣は加工して肥料としても販売する。

■おがくずや廃食用油をエネルギーにする

製材業では，製材途中で出てくるおがくずを燃料にした発電システムから自社工場に電力を供給している事例もある。円柱形の反応炉の中でおがくずを高温で蒸し焼き状態にし，水素と一酸化炭素のガス状態にする。そのガスを利用して改良型ディーゼルエンジンを動かし，発電するシステムである。木に含まれているタール分は木酢液として取り出し，農業用の資材として使っている。排気ガスは，二酸化炭素と水だけである。使い捨てられた天ぷら油などの廃食用油をディーゼルエンジン自動車の燃料にしたのは，東京都の廃油再処理業者である。ヨーロッパやアメリカでは，植物から採れる油を燃料にするBDF(バイオ・ディーゼル・

フューエル)化する研究が盛んに行われている。アメリカでは大豆油，ヨーロッパでは菜種油，東南アジアではパーム油をBDFとして研究，実用化している。こうした事例をヒントとして国内でも同じ植物油である廃食用油を燃料化する取組みなどがみられる。原料は食堂や食品メーカーから回収した廃食用油であり，ごみを取り除いた廃食用油にメチルアルコールを加え，反応槽で触媒反応させ，食用油に含まれるグリセリンを分離，燃料化した。元は植物油のため，排気ガスには硫黄酸化物がほとんど含まれていない。通常のディーゼルエンジンで軽油と同じように使用することができる。

② ごみ発電
■ごみをエネルギーとして活用

ごみを処理するには，昔から焼却することによって体積を小さくすることが行われてきた。ごみ発電とは，ごみ焼却施設で発生する蒸気を利用して発電を行うことである。全国のごみ焼却施設約1 850箇所のうち，発電を行っているのは約150施設ある。平均的なごみは，石炭の約1/3の熱量(1 kg当り約2 000 kcal)があり，ローカルエネルギー源として注目されている。これまでは電気事業法の制約から自由に電気を供給できないため，施設内で自己消費するほか，電力会社に一部売電している程度であったが，電力取引の規制が緩和され電力会社の購入価格も徐々に高くなってきたため，ごみ発電による電力を積極的に売り込もうという動きが活発になってきた。そのため，発生する蒸気をできるだけ効率よく使用して最大発電を行うよう設計された施設や，発生した蒸気をさらにガスや石油で加熱し，発電効率を高める「スーパーごみ発電」が注目されている。

■ごみ固形燃料

また，最近ではごみを固形燃料に加工して，燃料として使用しようという考え方もでてきている。確かに，全く新しい燃料を使用するより，いったん使用した材料をリサイクルした方が資源の節約にもなる。この固形燃料のことをRDF (Refuse Derived Fuel)ともいう。廃棄物を固形化し，燃料として使いやすい形状に加工したもので，石炭とほぼ同じ熱量がある。不燃物を取り除いたごみに石灰などを混ぜて圧縮し，成形，乾燥する。燃えるものはなんでも基本的に燃料にはなるが，燃焼力はその内容物によって異なってくる。発電用の燃料として使うなら，できるだけ同じ燃焼カロリーのものであることが望ましい。RDFは，ごみをできるだけ均質な燃料として再利用しようというものである。

また，RDFではごみを圧縮成型して固形化する。しかし，ごみならなんでもいいわけではない。燃料にするわけであるから，燃えない金属などは省かなければならない。通常はごみを細かく砕いてから，金属のような燃えないごみを取り除き，さらに水分を蒸発させて，ペレットや棒状に圧縮成型する。ごみの容積は1/5程度になるため，保管場所探しに苦労することも少なくなるだろうし，少なくともこの段階では廃プラスチックなどによるダイオキシンの発生はない。燃焼カロリーもばらつきが少なくなるので，燃料として使いやすくなる。

廃棄物の焼却炉では，発生する熱を様々な形で利用しているが，熱利用効率が低く，小規模な施設では熱利用の規模も小さい。固形燃料にすると貯留，運搬ができるために，大規模な発電に利用するなど廃棄物のエネルギー利用としての効率が高まる。また固形燃料化すると燃焼管理がしやすく，小規模な焼却炉の公害防止対策として国も推奨していく方向にある。廃棄物を燃料に処理する工程では排ガスが発生しないために，煙突のない清掃工場として，廃棄物処理施設の立地難に悩む自治体や住民からも注目されている。ただし，現状では固形燃料の用途は限られており，産業用のボイラーや公共施設で利用されている程度であるため，固形燃料化施設の普及はこれからである。

ごみをRDFに加工し，大規模・高効率なボイラーで燃焼させて発電する方式をごみ固形燃料発電(RDF発電)という。RDFの発熱量は3 000 kcal/kg程度あり，

写真4.1　ごみ発電の様子

保存や輸送ができる。小規模な焼却炉はダイオキシン対策が難しいとされ、熱エネルギーの利用効率も低いために、人口の少ない自治体ではごみをRDFに加工して広域的な処理施設で発電などに利用する方式が注目されている。福岡県大牟田市では広域RDF発電工場が建設され、すでに稼働し始めている。同施設は、エコタウンの中核的施設として注目を集めている。また、大分県津久見市では、RDFをセメント製造の燃料に使っている。しかしRDFはどこでも使える燃料というわけではないので、最終的な受け皿施設の整備がネックとなっている。

③ ガス化溶融炉

　廃棄物を熱分解した後、発生したガスを利用して熱分解後の残渣を高温で溶融する新しいごみ処理技術である。ダイオキシンを発生させず、しかもごみを処理した後に出てくる残滓もスラグ化するために非常に少ないということで注目を集めている。

　熱分解炉と高温溶融炉を組み合わせた技術のほか、溶鉱炉のようにコークスと酸素で廃棄物を熱分解と同時に溶融する技術などがある。従来の焼却炉に比べて、高温で処理するためにダイオキシンの発生が少ない。処理後は灰ではなくスラグ状となるためにコンクリートの骨材などとして再利用が可能であることから、埋立処分場の節約につながることなどの長所がある。一部の自治体ではすでに導入し、次世代のごみ処理技術として注目されている。

　現在までの焼却技術は、廃棄物の効率的な減容・減量化と焼却過程における安定・無害化、ならびに排ガス顕熱の高率回収と焼却灰の溶融再資源化を追求してきている。しかしながら、次世代型として求められる理想的な焼却炉は、廃棄物処理に伴う地球環境へのインパクトと資源とエネルギーの実消費をミニマム（最小）化するものでなければならない。

　例えば、灰溶融の消費電力が焼却炉の回収電力で十分賄えるとしても、廃棄物を発電資源と考えると電力消費は極力少なくして、灰溶融エネルギーは廃棄物の内蔵エネルギーで充足できるのがよい。また、ダイオキシン類についても、いったん生成したものを活性炭などで除去するのではなく、処理プロセス自体のダイオキシン類濃度が十分に低いものであることなどが望まれる。現在、この種の次世代型焼却炉の開発が多くの専門メーカーによって強力に進められている。それらを以下に説明しよう。

　前記の要求水準に適うプロセスが「ガス化溶融炉プロセス」と呼ばれるものであ

る。このプロセスは，まず焼却炉と灰溶融炉を一体化して（直接焼却，溶融方式）灰溶融のための熱経済効率化を図る。さらに焼却過程を酸化燃焼ではなく乾留・ガス化する。これは還元蒸気ではダイオキシン類が生成されないことを活用するものである。採用するガス化炉と溶融炉の種類によって各種のプロセスが考案されている。開発課題としては，焼却灰溶融技術の項で指摘した溶融炉の材料問題，溶融灰の処理，回収スラグとメタルの用途開発などが残されている。

④ スーパーごみ発電

通常のごみ発電は，ごみを焼却したときの熱を使って蒸気をつくり，発電用タービンを回す。スーパーごみ発電の基本も同じだが，蒸気の温度をさらに上げて，発電効率を従来のごみ発電よりも1～2割アップさせる。蒸気の温度を上げるために都市ガスや天然ガス用のタービンを併設するのがポイントである。1996（平成8）年に群馬県榛名町に建設された出力2万5 000 kWが最初である。1997（平成9）年には大阪府堺市でも始まり，1998（平成10）年から運用がスタートした北九州市のスーパーごみ発電は，建設費は350億円，出力は3万6 300 kWである。

発電した電気は，電力会社が買い取るというのが前提となっている。スーパーごみ発電の建設費は，100億円の単位である。建設費は高いが，電気を売ることでランニングコストが抑えられる。言い換えれば，電気の売買価格によって運営の成否が左右されるという面もある。

4.4 企業の技術的方向性

(1) 技術のレベル

例えば，自動車や太陽光発電については，これまでの環境対策の進展が国内での技術開発を促し，日本の企業が世界でトップレベルの技術力を持つようになってきた。

その一方，風力発電などの分野では他国に比してまだ十分な競争力を持つに至ってはいない。この分野については，デンマークがすでにいち早く国をあげての開発・販売に取り組み，世界市場の4割のシェアを確保しているといわれる。また，地球温暖化対策や自動車排ガス対策の強化に向けた世界的な流れの中で，燃料電池については，世界の巨大企業が共同開発に取り組む一大プロジェクトになっている。

日本においては，2010（平成22）年の時点で燃料電池については1兆円の市場が

誕生することが見込まれている。こうした新しいエネルギー技術の分野については，リーディングができるだけの競争力が日本にほしいものである。市場のグローバル化が進む中，先行企業の開発した技術が世界で大きなシェアを持つ太陽光発電パネルおよび風力発電機の国内生産シェアを獲得している事例がみられるが，環境問題が世界共通の課題となっていることから，今後規模の拡大が予想される。環境対策に関連する市場においても，日本の技術の優位性をさらに高めることが必要である。また，先進的な環境関連製品を生み出す技術力の強化とともに，途上国が直面することになる公害を止め，リサイクル技術を導入するなど，環境保全技術の向上も必要である。このためには，技術開発の支援策，新技術の導入促進策などのインセンティブの付与が必要であり，環境技術の開発・普及の促進のためにいっそうの施策展開を図ることが望ましいだろう。このため，まず，環境技術の促進のための基盤整備を進め，民間における環境技術の積極的な開発促進を図っていくことが重要である。

すでに実用段階にありながら環境保全効果などについての客観的な評価が行われていないために普及が進んでいない先進的環境技術については，開発した企業などから公募し，第三者機関がその環境保全効果などについて客観的な実証を行う事業の試行的な実施をめざすことが考えられるだろう。

また，ナノテクノロジーを活用した環境技術として，携帯電話型環境モニタリング機器や有害物質などの健康・生態影響を迅速・正確に評価できる「環境チップ」などの開発プロジェクトの実現も望まれるところである。

さらにバイオマス循環利用技術システムなどの有望な環境技術の開発を対象に，環境研究・環境技術開発を含む試験研究費について税制優遇措置の拡充をめざすことが望まれる。

(2) ナノテクノロジーへの期待
① ナノテクノロジーを活用したごみ処理

ナノテクノロジー技術は，もはや空想だけの中の未来技術を通り越して，すでに現実世界のものとなってきている。かつてはSF映画の中での架空の話であった超小型のマシンが実際に実用となる時代が到来している。ナノテクノロジー技術の世界では大企業および研究機関，ベンチャー企業が競って研究を進めて特許を取得し，様々な分野でアプリケーションを活用するようになってきている。こ

うした技術は，半導体チップ回路のエッチングに使う技術を応用したり，次世代のマイクロセンサーやマイクロアクチュエーター(超小型駆動装置)，マイクロマシン，マイクロミラーなどの装置の開発などに展開が進んでいる。自動車から医療，コンピューター，通信分野など，幅広い産業分野に対して影響を与えている。これらの市場は，大きな潜在性を持つ巨大市場として各方面から注目を集めている。これらの機能は応用範囲も広く，今後の環境技術に応用していくことが今日期待されている。

② ナノテクノロジーの発展

日本では，この10年にわたって，100万分の1 mmを表すナノメートル(nm)という原子・分子レベルの微細な世界の技術を扱うナノテクノロジーが発達してきている。これらの基礎研究および開発を進めるうえで，その水準は世界のトップレベルにあるいわれている。

一方，アメリカでは，日本やヨーロッパに唯一遅れている分野との認識をもとに，2000年2月にクリントン前大統領がナノテクノロジーを戦略技術分野に掲げ，次なる技術革新をめざして予算の集中的投入を決定し，国をあげてその強化を開始した。その予算内容をみてみると，クリントン政権がいかにナノテクノジーに関して力を入れるつもりであったかがわかる。

こうした状況の下，ナノテクノロジー研究の推進がIT分野をはじめとして日本の産業競争力の強化に不可欠であるとの認識に立ち，産業競争力会議や科学技術会議の場において，その重要性を訴えている。

21世紀型のリーディング産業・分野の創出という面で，ニューフロンティア技術の一つとして，ナノテクノロジーには大きな期待が寄せられているといえるだろう。

ナノテクノロジーは，IT革命の進展を左右する基盤技術であり，情報化社会の継続的発展に，また今後の世界にとっても不可欠な技術であるといえる。

■ナノバイオロジー

生物や細胞などについて，ナノテクノロジーを応用する研究分野のことをいう。ナノの世界では，分子，原子レベルのスケールの研究を行うことで，タンパク質の立体的構造や酵素の働きなど今まで不明であった部分が解明されることが期待されている。こうしたナノバイオロジーの研究が進むことによって，タンパク質工学や人工酵素の開発，さらに細胞内におけるDNA(デオキシリボ核酸)の研究

も進展すると予測されている。研究の発展には，走査型トンネル顕微鏡の開発などが大きな役割を果たしているが，より高度の顕微鏡などの支援技術の進展も同時に必要であると考えられている。

「科学技術基本計画」では，戦略的に投資を行い，研究開発の推進を図るべき科学技術の重点4分野として，「ライフサイエンス」，「情報通信」，「環境」，「ナノテクノロジー・材料」を挙げているが，重点4分野の中に「環境」が掲げられているだけでなく，その他の3分野においても，環境効率性の向上に資する様々な技術が含まれており，今後の環境技術にいっそうの進展が期待される。例えば，生物機能を活用した廃棄物・環境汚染物質の低減や，カーボンナノチューブを利用したFED（フィールドエミッションディスプレイ）などの省エネルギー・省資源製品の開発などを挙げることができる。

(3) エネルギーとしてのごみ活用
① 化石燃料の過剰使用

1950（昭和25）年から1997（平成9）年までに，化石燃料の使用量は5倍，大気と水の汚染物質の排出量は数倍に増えている。特に火力発電所から出る硫黄酸化物は，酸性雨の原因となりやすく問題となっている。石油，そして特に石炭の使用量をこれ以上増加させることなく，むしろ抑えていくことが必要である。

② クリーンエネルギーの活用

地球温暖化の原因となる二酸化炭素の発生，各種汚染物質などは，石油，石炭などの化石燃料の消費に由来するケースが多く見受けられる。今後も快適な都市生活を継続していくために太陽熱や風力を活用したクリーンエネルギーの活用と化石燃料の使用のベストミックスの考え方を採用していくことが望まれているといえるだろう。

天然ガスは，二酸化炭素の発生量が少ない燃料であり，クリーンである点も含めて，これからエネルギーとしてますます利用量が増えるものと予測されている。そしてこの特徴は，所在地が比較的，世界中に散らばっているということである。石油は中東をはじめとした政情不安な区域になぜか偏在している。

これらの石油の輸送は，タンカーなどを使用しながら遠路はるばる東南アジアを経由して日本に船でやってくる。港に着くと，消費地まで効率的に運送するのに本来ならばパイプラインが望ましい。しかし，このときネックとなるのが日本

4.4 企業の技術的方向性

の都市計画上の法制度である。例えば，川を横断するときは，川下を通らず川の上を通す必要があるのだが，川に沿わせてつくることができない。日本に唯一あるのが新潟パイプラインであるが，短いのが玉に傷である。天然ガスの場合には，実際にはブルネイなどの産ガス国からいったん液化（LNG）して日本の港湾まで遠路はるばる運んでいる。この液化のプラントには100億円単位の巨額のコストがかかる。皆さんが普段使っている天然ガスは，いったん冷凍して液化したものを解凍したものである。

　欧米では20年間の間にほとんど国際パイプラインを引いてしまった。この辺の違いはどこにあるのか，土地利用制度なども含めて課題点を考えておく必要性がありそうである。そしていざとなったらこうした制度を柔軟に運用したり必要に併せて規制緩和する視点も重要である。

③ 燃料電池

　天然ガス，ナフサ，メタノールなどから製造した水素燃料を大気中の酸素と電気化学的に反応させ，直接発電させるシステムのことである。

　21世紀のエネルギー政策を考えるうえでたいへん注目を浴びている技術である。理科の実験などで水を電気分解すると水素と酸素になるが，これの逆工程を利用すると，水素と酸素を反応させるときに電気をつくり出すことができる。好都合なのは，化学反応によって排出されるのは水蒸気となった水とエネルギーのみで環境に対する負荷が小さいことであり，これが燃料電池の最大の特徴であるといえるだろう。1965年アポロ宇宙船の電源として実用化された歴史があるが，日本では1970年代の初頭より商業実用化に向け開発が精力的に行われ始めた。発電効率は40～60％と非常に高く，併せて排熱を回収すれば総合エネルギー効率は80％に達すると見込まれ，今後のエネルギー戦略上，大きな位置を占めることになると考えられている。

　技術的な発展方向としては，リン酸液型（PAFC，第1世代），溶融炭酸塩型（MCFC，第2世代），固体電解質型および固体高分子型（SOFC，PEFC，第3世代）などが研究されている。現在第1世代のリン酸型は実証段階で，大都市のホテル・病院などで実際にも使用されている。また第2世代の溶融炭酸塩型MCFCは，大容量化が可能なことから火力発電所の代替エネルギーの大規模電源としても期待されている。第3世代PEFCは，車に搭載するという技術の研究開発も進められている状況である。これが実現すると，水だけが排出される，環境にはた

いへん負荷の低い自動車が実現することになる。

2005年頃から第2世代，2015年頃に第3世代の導入開始が予定されているが，コスト，安全性，耐久性の面を今後どのようにクリアしていくのかが市場普及への大きな鍵となっている。

(4) 粗大ごみ処理施設

ごみ炭化実証プラントとともに，廃棄物処理の安全性や信頼性向上を十分考慮した総合的な廃棄物処理システムを構築していく必要がある。

現在，粗大ごみ処理施設，廃棄物再生利用施設（リサイクルプラザ，リサイクルセンター），可燃ごみ固形燃料化プラント，ごみ炭化プラント，ごみ焼却プラント，RDFボイラー・発電プラント，生ごみ・各種有機汚泥バイオガス化プラント，建設系廃棄物資源化プラント，焼却灰無害化プラントなどの商品を扱っている。破砕，選別，乾燥，成形などの当社固有技術を活かした固形燃料化プラント，分別精度・回収率を向上を図っていく視点が重要である。

■資源ごみの選別処理技術

容器包装リサイクル法の施行により，缶，びん，ペットボトルなどの容器類が他の粗大ごみ・不燃ごみとは別に分別収集されるようになった。これらの選別されたものの品質は，1999年（平成11）年6月，（財）日本容器包装リサイクル協会が示す「分別基準適合物の引き取り品質ガイドライン」の組合せにより規定されている。

■粗大ごみ処理施設

①可燃性粗大ごみを破砕する可燃性粗大ごみ処理施設，②可燃性および不燃性粗大ごみを併せて破砕する粗大ごみ処理施設，③粗大ごみの処理に併せて，その中の再利用可能なものを選別し再利用に供する再生施設などがある。

①および②の施設では破砕後，ごみは鉄，アルミ，不燃物，可燃物の4種に，または，プラスチックを加えて5種に選別される。

■粗大ごみは可燃性ごみが主体へ

2001（平成13）年4月に施行された家電リサイクル法により，テレビ，洗濯機，冷蔵庫，エアコンなどの廃家電品は製造者が引き取り，リサイクルを義務づけられた。そのため，粗大ごみ処理施設にこれらの家電品が搬入されなくなり，施設では家具，じゅうたん，マットレスなどの可燃性粗大ごみが主体の処理になる。

従来は大型の高速回転破砕機で破砕処理していたが，可燃性粗大ごみの処理に適した低速回転破砕機を主体とし，それに小型の高速回転破砕機を組み合わせた破砕・選別処理施設となる。さらには，家具，自転車などの不用品を修理・再生する設備も併設する。

(5) その他のごみ処理プラント・技術
■廃プラスチックを製鉄の還元剤に利用

製鉄の過程で使用される還元剤に，廃プラスチックを再利用する技術を導入する鉄鋼メーカーが増えている。鉄鉱石から鉄を取り出すには，還元剤が必要である。現在は石炭や微粉炭，コークスが還元剤として使われているが，高温で蒸し焼き状態にするため，大量の二酸化炭素が放出されていた。これらの代わりに廃プラスチックを投入，再利用することで，二酸化炭素の排出を抑制し，なおかつ，廃プラスチックをサーマルリサイクル（燃料などの熱源として利用する）しようというアイデアである。ある企業では年間3万tの廃プラスチックを還元剤として利用している。ただし，塩化ビニルなどのように塩素を含む廃プラスチックを還元剤として使うと，塩素が製鉄炉を傷めるため，廃プラスチックの分別が必要で手間がかかっていた。分別すればよいのだが，それでは手間もコストもかかってしまう。そこで塩素を取り除く技術が注目を集めている。

■メタン発酵

水分の多い有機物のごみからエネルギー回収が可能であり，プロセスがシンプルである。投入有機物の約50％を減量できる。課題としては，
- 発酵時間が長く（通常30～50日），設備が大型化しコストが高い，
- 硫黄分を含むため用途が限定される。または脱硫装置が必要である，
- 二酸化炭素含有量が多いため，高カロリー化のためには脱炭酸が必要である，
- 高BODの脱離液の処分，残渣の処理（コンポスト化など）が必要である，
- 厨芥の分別回収が必要である（住民の協力，自治体の指導），

などがあり，これらに対する技術開発・対策を推進する。

■メタンの回収

ごみからのエネルギー回収として，「埋立地からのメタン回収」がここ数年注目され，すでに十数箇所で回収施設が建設あるいは稼働している。埋立ごみ1t当り2.5～7 m^3/年のガスが得られたというアメリカにおけるテスト結果もあり，

第4章　環境共生型のごみ技術

表4.1　ごみ処理エネルギーの利用方策

1. 都市ごみ焼却技術	我が国の一般廃棄物処理を特徴づけているのは，約75％という高い焼却率である。ごみ焼却炉はストーカ方式と流動床式に大別でき，いずれもほぼ完成された技術である。ごみ焼却における最大の問題点であるダイオキシン対策は，安定燃焼の確保によるダイオキシン発生抑制，バグフィルターなどによるダイオキシン捕集分解技術により，ほぼ完成の域に達している。ダイオキシンの分解，最終処分場延命(灰の無害化・リサイクル)，熱回収の効率改善の観点から，従来型ごみ焼却技術は，将来的に溶融固化技術との併用による既存ストーカー炉などの改良，ガス化溶融技術などの新技術にシフトしていくと考えられる。
2. 粗大ごみ処理技術	不燃系粗大ごみの処理は，衝撃方式による破砕選別が基本である。破砕処理後の選別により，鉄やアルミを回収できるが，市況により引取先が限定される。家電リサイクル法の制定により，排出量は今後減少する可能性があるとともに，メーカー引取処理が増加すると考えられる。可燃系粗大ごみの処理は，せん断破砕方式が主流であり，破砕後焼却処理される。
3. 資源ごみリサイクル技術	びん・缶リサイクルのための選別技術は，ほぼ確立している。課題は，省力化のためのびん色自動選別である。各メーカーから種々の方式が提案され，実用化段階にあるが，ガラスカレットのリサイクル先開発が必要である。容器包装リサイクル法の制定により，ペットボトルの収集量が増えているため，今後，ペットボトルの自動選別技術(材質選別，色選別，シール除去やキャップ除去)に対するニーズも出てこよう。
4. 焼却灰溶融技術	飛灰を含む焼却灰減容および重金属溶出防止のための技術であり，燃料溶融方式と電気溶融方式がある。溶融により体積は1/2から1/3になり，ダイオキシン類などの有機物の完全分解および重金属溶出防止(無害化)，リサイクルができる。溶融スラグの資源化は，コンクリート骨材や道路路盤などの用途開発が進められている。エネルギー大量消費技術であるため，使用エネルギー原単位の削減が主要課題だが，耐火材の長寿命化，メンテナンスコスト削減，溶融飛灰の山元還元，溶融スラグの高付加価値再利用先確保など，解決すべき課題は多い。
5. RDF技術	ごみ固形燃料化技術であり，小規模ごみ焼却用のダイオキシン対策技術であるため，ごみ広域処理技術として脚光を浴びつつある。現在，全国十数箇所でRDFプラントが稼働している。製造したRDFの利用先は，暖房用燃料や公共施設での熱源利用が多いようであるが，成分がごみであるから十分な燃焼管理が必要である。利用先の決め手はRDF発電である。発電所立地問題が解決すれば県単位で採用される可能性がある。
6. スーパーごみ発電技術	ごみ焼却発電とガスタービン発電のコンバインドシステムであり，すでに3箇所(高崎市，堺市，北九州市)で実用化されている。発電効率が上昇(15％程度から35％程度)するため，余剰電力の売電が主目的である。非常用発電器であるガスタービン発電機をコンバインド発電機に転用すればコスト上昇も緩和される。電気事業法の緩和による卸売発電や電力自己託送により市場拡大が期待されるが，売電単価に左右される技術といえる。

立地条件に大きく依存するものの，この方向のエネルギー回収は今後も続くものと思われる。

■ごみ処理の現状の整理

　ごみの処理にあたっては，焼却，埋立および再資源化が基本となる。ごみの減量化および有効利用のための施設，ごみ焼却熱を有効に利用し，発電や熱供給を行う施設などの整備が進められている。1987（昭和62）年度には全ごみの72.6％が焼却処理されており，その比率は年々増大しつつある。ごみの焼却は，最も衛生的な処理方法であり減容化を図ることができるため，最近の最終処分場の確保難の点からも，この方法を採用する自治体が増えつつある。また，排出量およびごみのポテンシャル・エネルギーは増大傾向にあり，省エネルギーの観点から，ますますエネルギー回収や資源回収の期待と要請が高まってくるものと予想されている。

参考文献

1) 日本開発銀行国土政策チーム：変わる日本の国土構造，ぎょうせい，1996.11
2) 柴田弘文：環境経済学，東洋経済新報社，2002
3) バリー・C・フィールド：環境経済学入門，日本評論社，2002
4) R・K・ターナーほか（大沼あゆみ訳）：環境経済学入門，東洋経済新報社，2001
5) 植田和弘：環境経済学，岩波書店，1996
6) 植田，落合，北畠，寺西：環境経済学，有斐閣ブックス，1991
7) 栗山浩一：公共事業と環境の価値―CVMガイドブック―，築地書館，1997
8) 栗山浩一：環境の価値と評価手法―CVMによる経済評価―，北海道大学出版，1998
9) 竹内憲司：環境評価の政策利用―CVMとトラベルコスト法の有効性―，勁草書房，1999
10) 食品循環資源利用研究会：これだけは知っておきたい食品リサイクル成功の秘訣―食品関連事業者のための基礎知識と対応―，日報出版，2002
11) 週刊循環経済新聞編集部：よくわかる 食品リサイクル法―関連事業者の動向と生ごみ処理機の市場，日報出版，2002
12) 石川禎昭：解説 ダイオキシン類対策特別措置法，日報出版，2002
13) 木村博昌：廃棄物処理法の罰則―やってはいけないこと―，日報出版，2002
14) 財団法人東京市町村自治調査会編：家庭ごみ有料化導入ガイド，日報出版，2002
15) 遠藤保雄：食品産業のグリーン化―食品産業マンにとっての環境読本―，日報出版，2001
16) 福渡和子：家庭でできる生ごみリサイクル，日報出版，2001
17) 田口計介，竹下宗一共著：汚染土壌の基礎知識，日報出版，2001
18) 石川禎昭：最先端のごみ処理溶融技術―熱分解ガス化溶融技術と焼却残渣溶融技術―，日報出版，2001

19) 文部科学省：科学技術基本計画
http://www.mext.go.jp/a_menu/kagaku/kihon/index.htm

5

環境を取り巻く流れ

5.1　環境問題への関心の高まり
5.2　環境を取り巻く諸問題
5.3　環境をめぐるグローバルな動き
5.4　環境基本計画
5.5　ゼロ・エミッション計画
5.6　ISOへの対応
5.7　廃棄物処理・リサイクルに係る制度の枠組み
5.8　環境をめぐるその他の動き

都市は大量のエネルギーを消費している（東京都秋葉原）

第5章　環境を取り巻く流れ

5.1　環境問題への関心の高まり

(1) 環境とライフスタイルへの関心

　1992年の地球サミットで提唱された「環境と開発に関するリオ宣言」，「アジェンダ21」を契機として地球温暖化や酸性雨に対する地球規模での取組みについて多くの人々が関心を寄せるようになってきた。

　近年，環境問題に関する関心は，さらに高いものになりつつある。こうした中，「持続可能な開発」を可能とするためにも，環境に配慮した生活や考え方が求められるようになってきた。そして「環境倫理学」の言葉にみられるように，人の生き方やライフスタイルそのものの哲学までが問われるようになってきている。これからの社会に要請される環境への取組みは一過性のものではなく，広く多くの人が情報を共有できるようなもの，産業活動や生活の中で多くの人が重要であると認識するものとなってくるだろう。

(2) 環境学の発展領域

　一方で，地球のどこかでは環境破壊が進行しており，地球を救うための方策がかなり広い範囲で，なおかつ徹底した対応が行われることが求められている。また地球環境問題に深い関心を持ち，こうした方面の仕事をしてみたいという人も現在増加する傾向にある。地球サミットの中で提唱されている「持続可能な開発」は「環境」と「開発」という，お互い矛盾する問題をいかにして調和させ，人類にとって幸福となるような形に歩を進めるかという大きなテーマを含んでいる。

(3)「環境学」の特質

　実はその一方で，環境学は古いアカデミズムの範疇からはみ出ているといわれる部分がある。近代科学は細分化されていくこと，細かくなることにもともとの特質があるといわれる。すなわち，例えば建築学だったら計画学，構造，設備，構法，歴史などとより細かい方向に向かって細分化されることとなるのが学問の通常の大系なのであるが，環境問題・環境学に関して言及すれば，むしろ問題が広がり，なおかつ深くなる傾向があるということである。これは通常の学問の発達のパターンとは少々異なるタイプのもので，環境学は間口が刻々と広がる学問・分野であるといえるであろう。

地球環境問題というテーマを考えるとき，一体どのような分野があるのだろうか，またそれらの問題の取組み方にはどのような視点からみていったらよいのだろうか。そして，このような視点から実際に地球環境問題に対してどのように一歩を踏み出していけばよいのだろうか。

5.2 環境を取り巻く諸問題

また環境そのものに関する関心が今日高まる中で，大気や水質汚染など国境をまたがる可能性のある国際的な問題がどのような意味を持ってくるかを改めて考えてみる必要性がある。

ここでは地球環境問題に関するいくつかのキーワードについて最初にふれ，今後の来るべき時代に何が要求されているかを考えてみる。

(1) 地域経済の発展と矛盾

開発途上国の中で貧困からの脱出をめざす国では，なりふりに構っていられないという状況が見受けられる。これは「北半球の繁栄の維持と南半球の貧困からの脱出」という問題に関わってくる。開発途上国の国々は，いかに早く貧困から脱出するかということが大きな課題である。例えば，木材についてみた場合，先進諸国は自国の森林は伐採しないまま開発途上国の森林が切られていく現象がある。

環境への負荷の少ない持続的発展が可能な社会の構築が必要とされている。こうした中で，国際的な協調による地球環境の保全などが問題であるといえるだろう。将来の世代が環境資源から得る利益を損なうことなく，現在の世代が享受している社会的，経済的な利益を得ることができるような節度を持った開発が必要とされている。環境と開発は相反するものであるとみられがちだが，互いに依存し合い，環境を保全することによって地球資源の持続可能な利用につながる。

(2) 地球温暖化

地球温暖化とは，化石燃料の大量使用などで地球大気の温室効果が進み，気温が上昇することである。温室効果の主役は二酸化炭素であるが，メタン，フロンなどの温室効果も大きく，まとめて「温室効果ガス」といわれる。1880年代からの100年間に地表面の平均気温は約0.6℃上昇しているが，大気中の二酸化炭素

などが現在のまま増加し続けると，21世紀の終わりには2℃くらいの昇温が予想されている。このため，1992年の地球サミットで気候変動枠組み条約が成立し，温室効果ガスの排出量を1990年代末までに90年レベルまで戻すことを目標とすることで，最終的な合意がなされた。しかし2000年以降の二酸化炭素の排出量削減に関しては，地球温暖化の合意書に関する科学的評価の問題や，参加国の経済成長率を左右する問題もあり，その決着は容易ではない。削減量の具体化については，1995年3月の第1回締約国会議以来，毎年1回，締約国会議が開催され，多面的な討議が行われている。

5.3 環境をめぐるグローバルな動き

(1) 地球サミット・アジェンダ21

アジェンダ21とは，21世紀に向けて地球が持続可能な開発を実現できることをめざした行動計画である。1992年にブラジルで行われた「環境と開発に関する国際会議(地球サミット)」で採択された地球環境に対する人類のテーマでもある。

この考え方は多方面の環境破壊とその対策について目を向けたもので，環境問題について取り組むべき問題が国際的なレベルで話し合われ，対応策が図られた。

環境問題全体について初めて大規模な国際会議が行われたのは，1972年のスウェーデンのストックホルムで行われた国連人間環境会議で，目標の一つとして世界の貧しい人々を含めたパートナーシップをつくり出すこと，先進工業国の援助支出を引き上げることなどが挙げられる。地球サミットの目的は，人類共通の課題である環境保全と持続可能な開発の実現であった。この中で「開発と環境に関するリオ宣言」と「アジェンダ21」，「森林原則声明」が採択された。この地球サミットで合意されたものは，その実現に向けての努力，そのためのフォローアップがなされる必要があった。

地球サミットでは，先進国と開発途上国間の意見の相違など難航の末，先進国は2008～12年にかけて温室効果ガスの総排出量を少なくとも5%削減するなどの議定書が採択されたが，排出権の取引などをめぐり会議が紛糾し，開発途上国の参加は見送られた。

(2) 環境と開発に関する国連会議

環境と開発に関する国連会議(国連環境開発特別総会)とは，1992年のリオ・

デジャネイロでの地球サミットから6年を経て，採択されたアジェンダ21の達成状況などを点検し，各国で協議する特別総会のことである。この国際会議の持つ意味，影響は，日本の環境問題にとってもたいへん大きなものとなった。

日本の政府開発援助(ODA)の総額は，金額だけみれば世界でも最大規模の開発援助を行っている国ということになる。現在，注目を浴びていることはNGO (非政府組織)の活発な意見も取り込んでいることである。

その後，この環境と開発に関する国連会議は1997年7月にニューヨークで開催されたが，南北間での対立で「政治宣言」が成立せず，京都での1997年12月「気候変動の枠組み条約第3回締約国会議(京都会議)」において国ごとの二酸化炭素の排出量の総量について国際的な枠組みを決めることが行われた。日本は地球環境問題での国際交渉や国内での対応策のとりまとめ作業などを行う役目となり，地球環境問題担当大使が1991年に創設され，「環境と開発に関する国連会議(地球サミット)」などにおいて代表を務めている。この地球環境問題担当大臣は，環境庁長官が務めている。

また最近，環境ODAという言葉が様々な場所で聞かれるようになった。これは，ODAのうち特に環境分野を対象として行われる援助のことを指す。居住環境の改善，森林保全，造成，防災，公害対策，自然環境保全などの分野もある。地球サミットにおいて，日本政府は，ODAを拡充・強化することを決定した。具体的な援助の仕方，アセスメントなどにおいてまだまだ問題が多いともいわれるが，環境ODAがカバーする範囲は年々広くなっており，重要性が高まっている。この方面で活躍する人も今後さらに増加していくことであろう。

(3) 熱帯雨林の減少問題

環境問題については，これから地球全体を視野において考えていくことが必要である。例えば，大気に関する問題は，国境をまたがる問題であり，地球全体が影響を受ける性質のものであり，国際的な協調がたいへん必要な分野である。またブラジルや東南アジアに存在する熱帯雨林についていえば，地球の中で最も酸素をつくり出してくれる場所であるのに，急速な伐採が進んでいることは，地球全体への酸素供給面で多くの問題があることを示している。

例えば，フィリピンに代表される熱帯雨林の減少については，日本にも大きな責任がある。フィリピンの木材需要についてみてみると，近年消費が落ち込みつ

つあるものの，その出荷額の実に7割をバブル期の日本が占めているという状況もあった。これはヨーロッパ諸国全体の消費量に匹敵するもので，ヨーロッパの生産者団体などからもかつてたびたび抗議を受けてきたものである。

(4) ヨハネスブルグ・サミット2002(WSSD)

ヨハネスブルグ・サミット2002は，国連が主催する「持続可能な開発に関する世界サミット(WSSD)」のことであり，各国首脳や代表，NGOのリーダー，ビジネス界ほか主な団体から何万人もの参加者が集まり，人類が抱える困難な課題に世界の関心を向け，解決をめざして世界的な行動を促すための会議である。人口増加に伴い，今日の世界では，食糧，水，住居，衛生，エネルギー，医療サービス，経済的安定に対する要求は増加の一途をたどっている。サミットでは，世界中の人々の生活の向上と自然資源の保全をはじめ，様々な重要課題について協議された。

1992年の地球サミットで決められた戦略も，実行されて初めてその真価が発揮される。リオ・サミットから10年を経た2002年，ヨハネスブルグ・サミットは，アジェンダ21のより効果的な実施のため，今日のリーダーが具体的な計画を採択し，数値的な目標を定める貴重な機会となる。

ヨハネスブルグ・サミットは，2002年8月26日から9月4日まで，南アフリカのヨハネスブルグで開催された。サミット会場は，ヨハネスブルグ近郊にあるサンドン・コンベンション・センター(Sandton Convention Center)である。また，サミット会場近くのギャラガー・エステート(Gallagher Estate)では，NGOフォーラムが開かれた。各国政府のほか，アジェンダ21で確認された主要グループ，すなわち経済産業界，子供と若者，農業従事者，先住民族，地方自治体，NGO，科学技術団体，女性，労働者と労働組合からの代表者による積極的な参加がなされた。

WSSDに向けた様々な主体の交流が事前から準備され，環境パートナーシップオフィス(EPO)では，「ヨハネスブルグ・サミットに向けたNGO/NPO等意見交換会」を2000年1月に採択された生物多様性条約「バイオセーフティに関するカルタヘナ議定書」に対応し，日本からは「試験研究における組み換え生物の取扱いについて」，「遺伝子組み換え農作物等の環境リスク管理」，「鉱工業分野における遺伝子組み換え生物の管理のあり方について」，「遺伝子改変生物が生物多様性に

及ぼす影響の防止のための措置について」などの議題が検討されている。

WSSDは，リオ・サミットから10年を経て，その後の全世界における環境への取組みを検討する国際会議としての位置づけであり，今後この会議で確認された内容が地球環境問題に大きな影響を与えていくと考えられ，各国の今後の国際社会の対応が注目される。

5.4 環境基本計画

環境基本計画とは，1993(平成5)年に施行された環境基本計画をもとにして，政府が定めることとなった環境保全に関する基本的な計画のことを指す。1994(平成6)年に環境基本計画のあり方について中央審議会に諮問が行われ，閣議決定した。21世紀半ばを展望して，環境政策の基本的な考え方と長期的な目標について位置づけが行われ，資源やエネルギー利用についての循環を基調とした経済社会システムの実現，自然と人間の共生の確保，公平な役割分担での参加，国際的な取組みの推進の4つの長期的な方策が考えられている。

5.5 ゼロ・エミッション計画

ゼロ・エミッション計画とは，廃棄物をゼロにしようとする運動のことを意味する。少しでもごみを少なくしていこうというのではなく，ごみ自体が出ないようにしようという発想である。国連大学などが中心となって提唱を行っている。この問題については，1995年4月に国連大学で初の世界会議が開催され，採択された計画である。産業の間同士で資源の連鎖を構成して，環境負荷と資源消費量を逓減させて廃棄物をゼロに近づけることを目標としている。例えば，ビール醸造と養殖や藻類の栽培を組み合わせ，炭酸ガスや廃棄物を出さない完全リサイクル型の生産を行うことなどが具体的なプロジェクトとして考えられている。

ゼロ・エミッションを普及するためには，異業種企業による新しい産業集団の出現や斬新なリサイクル技術の開発，経済性の確保も課題となる。山梨県の国母工業団地では，団地内で異業種間の物質やエネルギー循環のシステムづくりを進め，さらにこれを核として地域全体での循環システムを構築していこうという取組みを進めている。ここでは，1995年には団地内23社の古紙回収，リサイクルシステムをスタートさせ，1997年からは木くず，廃プラスチックなどを固形燃料化し，セメント会社に供給している。1998年度には経済産業省のモデル事業，

エコタウン事業が創設された。ゼロ・エミッションをめざす地域づくりや環境調和型のまちづくりを推進する自治体，民間事業を支援している。

5.6 ISOへの対応

　企業として，本格的に環境に対して対応を図っていくことをめざして，国際標準化機構(ISO)による環境監査と環境管理システムに関する国際規格に対応する国際規格(ISO 14000シリーズ)に対応する企業が増えている。

　環境に与える負荷を最小限にするための方針，目標を定めて実行し，その成果を客観的な基準に従って定期的に，かつ公正に行っていくことが求められる。

　例えば，今日，日本の建設・土木の工事費は，先進諸国と比較しても非常に割高であり，国際的な基準に沿った規格のもとで建設材料，施工材料を流動化させていく考え方がたいへん重要になってくる。最近，様々なところで話題になっているISOは，国際貿易機関(WTO)の定めている工業用品の世界水準の規格のことである。国際的な基準にのっており，様々な材料について国籍を問わず，最も安く品質の安定したものを供給させることにより経済効率を良好にしようというものであるともいえる。

　特にISO 9000シリーズについては製造段階だけではなく，設計や資材の購入，検査，引渡しなどの面で，生産現場での品質管理や，生産向上につなげたり，取引先の信用を高めたりという点で，PL(製造物責任)法への対応にも役立つものと考えられている。一方，ISO 14000シリーズについては環境監査の国際的な規格として定められる基準であり，これを取得することによって，環境に配慮した基準を得られるという認識がある。特に社会の中で環境保護に対する企業イメージが重要視される時代となっているため，この取得にたいへん熱心な企業が増加している状況にある。ISOへの柔軟な対応，そして国際化社会の中での競争力の保持力がなによりも望まれている。

　JIS規格製品に関する国内規格であるのに対して，ISO 9000シリーズは，会社全体の品質管理システムの国際規格である。工業製品が国際的に流通するようになるにつれて，品質管理システムを契約の際に顧客に対して証明することが重要になってきている。国内的にも，ISOシリーズの認証取得は，取引を進めていくうえで優位になることが期待される。

　ISO 9000シリーズの取引のメリットとしては，取引先からの評価の向上，自

社技術，製品を売り込んでいくうえでのパスポートとしての機能，PL法対策の機能としても機能する点が特徴として挙げられる。こうした内容についての個別のアドバイスについては，専門家や技術士などが相談に応じて，他の専門機関を紹介するといった形態をとることも考えられる。

5.7　廃棄物処理・リサイクルに係る制度の枠組み

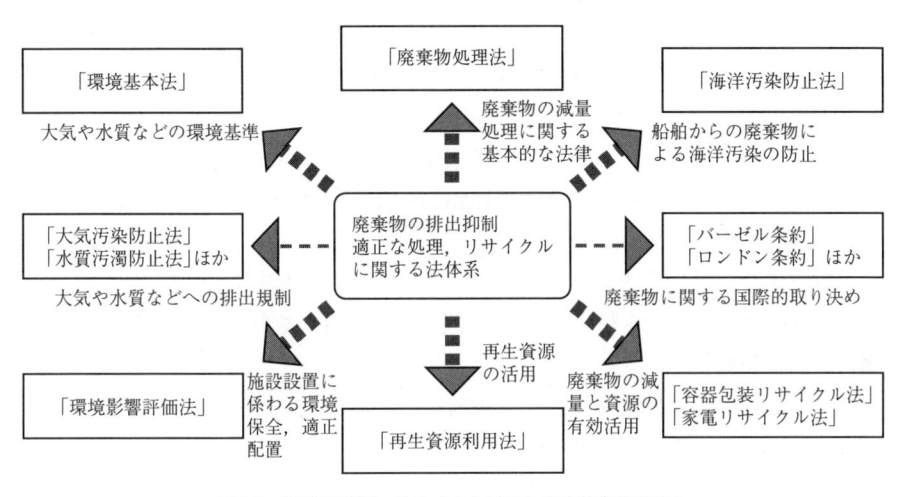

```
           「廃棄物処理法」
「環境基本法」                      「海洋汚染防止法」
大気や水質などの環境基準  廃棄物の減量  船舶からの廃棄物に
              処理に関する  よる海洋汚染の防止
              基本的な法律

                廃棄物の排出抑制
「大気汚染防止法」  適正な処理，リサイクル  「バーゼル条約」
「水質汚濁防止法」ほか  に関する法体系     「ロンドン条約」ほか
大気や水質などへの排出規制              廃棄物に関する国際的取り決め

          施設設置に  再生資源   廃棄物の減
「環境影響評価法」 係わる環境  の活用   量と資源の  「容器包装リサイクル法」
          保全，適正         有効活用  「家電リサイクル法」
          配置    「再生資源利用法」
```

図 5.1　廃棄物処理・リサイクルに係わる法制度の枠組み

　日本における廃棄物処理・リサイクルに関する大枠の枠組みを整理すると，図5.1のような形になる。

　日本では，環境に関する基本的な考え方や環境の保全に関する施策の基本は**環境基本法**において定められており，廃棄物を適正に処理する必要があることが示されている。廃棄物の定義や処理責任，処理方法や処理施設に係る基準などは，**廃棄物の処理及び清掃に関する法律**(廃棄物処理法)で定められている。さらに，リサイクルを促進するための法律として，**再生資源の利用の促進に関する法律**(再生資源利用促進法)，**容器包装に係る分別収集及び再商品化の促進等に関する法律**(容器包装リサイクル法)，**特定家庭用機器再商品化法**(家電リサイクル法)が定められている。

　また，廃棄物の処理を行う施設は，周辺環境への負荷を抑えるための基準や土地利用に関する基準を守らなければならないため，「大気汚染防止法」などとも深

く関係している。その施設の規模や立地が周辺環境へ大きな影響があると考えられる場合には，「環境影響評価法」とも関わりがある。

　国際的には，先進国で発生した処理の困難な有害廃棄物がアフリカなどに輸出されていたことが契機となり，有害廃棄物の国境を越える移動を規制する**バーゼル条約**が結ばれている。そして，このバーゼル条約と海洋への廃棄物などの投棄を規制する**ロンドン条約**に応じた国内の法律もつくられている。

■バーゼル条約

　正式名称は「有害廃棄物の越境移動及びその処分の規制に関するバーゼル条約」である。国連環境計画（UNEP）が1989（平成元）年3月に採択したもので，1992（平成4）年5月発効した。バーゼル条約では，先進国で処分の困難な有害廃棄物を規制が緩く処理費用も安い開発途上国に運ぶことにより，開発途上国の人々の健康，環境に被害が出るのを防止することを目的としている。日本では1992年秋の臨時国会で批准を承認し，同条約履行のための国内法「特定有害廃棄物等の輸出入等の規制に関する法律」が1993（平成5）年12月に施行された。

■ロンドン条約

　有害廃棄物の海洋投棄を国際的に規制した条約で，「廃棄物その他の物の投棄による海洋汚染の防止に関する条約」が正式名称である。この条約は，1972（昭和47）年にロンドンで調印され，1975（昭和50）年に発効された。現在，日本を含む世界71箇国が加盟している。条約では，水銀やカドミウム，使用済み核燃料の再処理後の高レベル放射性廃棄物などについて海洋投棄を全面禁止している。低レベル放射性廃棄物については，当初，政府が許可をすれば水深4 000 m以上の海域に投棄できることになっていたが，1983（昭和58）年の締約国会議で一時停止を決議していた。しかし，ロシアは，低レベル放射性廃棄物の投棄を日本海で継続していた。1993（平成5）年11月の締約国会議では低レベル放射性廃棄物の海洋投棄を全面禁止，産業廃棄物の海洋投棄を原則禁止にする改正案が成立した。

■廃棄物処理に関する役割

　一般廃棄物の処理に関する責任は，基本的には市町村にあり，市町村もしくは市町村が委託する事業者によって処理されるのが基本である。事業系の一般廃棄物については，専門の処理業者によって処理されることもある。

　一方，廃棄物を排出する事業者は，その事業活動によって生じた産業廃棄物を自らの責任において処理しなければならない。これは，「汚染者負担の原則

(Polluter-Pays Principle：PPP)」と呼ばれる考え方に基づいており，世界の多くの国で取り入れられている原則的な考えである。廃棄物の処理の方法として，事業者が自分で処理施設をつくって処理する場合と専門の処理業者に委託して処理する場合があるが，廃棄物処理法ではいずれの場合も，排出事業者は最終処分まで適正に処理を行う必要がある。

■廃棄物処理法

　正式名称は，「廃棄物の処理及び清掃に関する法律」である。1970（昭和45）年に他の公害規制法規とともに制定された。その後，1991（平成3）年10月に地球環境時代の到来に併せて全面改正された。1991年の改正ではごみの「適正処理」に加えて「廃棄物の発生抑制」や「再生利用」がこの法律の目的に加えられた。一般廃棄物，産業廃棄物の区分に加えて，爆発性，感染性，有害廃棄物を「特別管理（一般・産業）廃棄物」として定めている。

　また，産業廃棄物の不法投棄が近年大きな社会問題になったことから，不法投棄に対して撤去や原状回復措置に関する規定を改めるとともに罰則の強化などを盛り込んだ改正が行われている。ちなみに，日本では廃棄物処理とリサイクルが別の法律になっており，使い捨て製品の規制や企業責任に関する規定が一般的に甘いといわれている。例えばドイツでは企業責任を拡大し，市場経済の中に廃棄物の抑制やリサイクルを組み込んでいこうと「循環経済・廃棄物法」が制定されている。日本でも，廃棄物処理法を見直し，リサイクル関連の法律を統合した総合的な法制度を求める声も高くなっている。

■リサイクル法（再生資源利用促進法）

　正式名称は，「再生資源の利用の促進に関する法律」であり，1991（平成3）年に施行された。廃棄物の発生の抑制や環境の保全を目的として生産，流通，消費の様々な段階で再資源化を促進することを目的としている。主に企業におけるリサイクルの促進を目的としており，企業に対してその製品の設計段階から再生利用を考えて製品づくりを促すとともに，製造工程での再生資源の利用促進について定められている。

　また，分別回収を容易にするための表示についても定められている。①特定業種を指定したうえで原材料のリサイクル化を高め，リサイクルを容易にすること，②リサイクルを容易なものとするために第1種指定製品を指定して材料，材質の工夫をさせること，③第2種指定製品を定めて分別収集のための表示を行わせる

こと，④指定副産物を指定して関係業種に，その副産品を指定して関係業種にその副産物のリサイクルを進めさせることなどを内容としている。またリサイクルを容易なものとするために，第1種指定製品を指定し，材料，材質の工夫を定め，分別収集のための表示をさせる。一方，第2種指定製品（スチール，アルミ缶，ペットボトル，ニッケルカドミウム電池など）では指定副産物を指定し，リサイクルを進めさせる。

```
                          ┌─基本方針─┐
       主務大臣が，再生資源の利用の総合的推進を図るための方針を策定・公表する
```

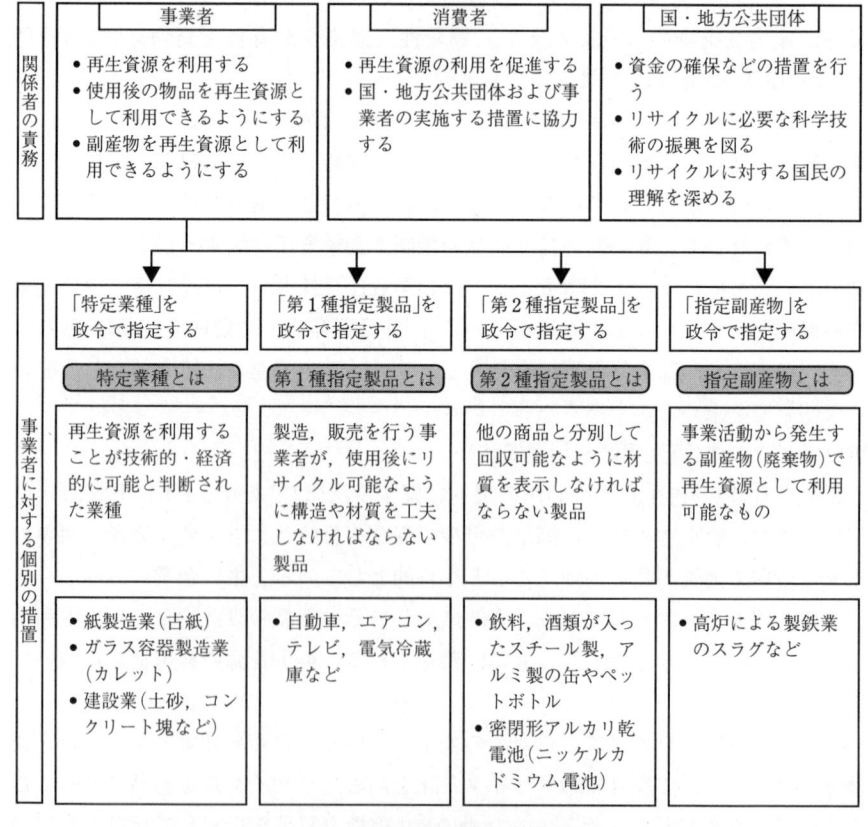

	事業者	消費者	国・地方公共団体
関係者の責務	・再生資源を利用する ・使用後の物品を再生資源として利用できるようにする ・副産物を再生資源として利用できるようにする	・再生資源の利用を促進する ・国・地方公共団体および事業者の実施する措置に協力する	・資金の確保などの措置を行う ・リサイクルに必要な科学技術の振興を図る ・リサイクルに対する国民の理解を深める

	「特定業種」を政令で指定する	「第1種指定製品」を政令で指定する	「第2種指定製品」を政令で指定する	「指定副産物」を政令で指定する
	特定業種とは	第1種指定製品とは	第2種指定製品とは	指定副産物とは
事業者に対する個別の措置	再生資源を利用することが技術的・経済的に可能と判断された業種	製造，販売を行う事業者が，使用後にリサイクル可能なように構造や材質を工夫しなければならない製品	他の商品と分別して回収可能なように材質を表示しなければならない製品	事業活動から発生する副産物（廃棄物）で再生資源として利用可能なもの
	・紙製造業（古紙） ・ガラス容器製造業（カレット） ・建設業（土砂，コンクリート塊など）	・自動車，エアコン，テレビ，電気冷蔵庫など	・飲料，酒類が入ったスチール製，アルミ製の缶やペットボトル ・密閉形アルカリ乾電池（ニッケルカドミウム電池）	・高炉による製鉄業のスラグなど

図5.2　再生資源利用促進法の概要
（出典：環境省）

この中でも，ペットボトルなどは，ジャンパーや絨毯の材料となるなど資源再利用の面でも様々な使い道を持つ材料であるといってよいだろう。しかし現実的には，リサイクルのシステムが地域により整備されていたり，いなかったり，また今後はコンポスト，堆肥飼料，乾式（ドライシステム）の導入など様々な観点が必要であるといえるだろう。

■環境影響評価法

1997（平成9）年成立の法律である。環境影響評価の適切かつ円滑な実施を図るため，規模が大きく環境に著しい影響を及ぼすおそれがある事業の環境影響評価に関し，調査項目などの設定，環境影響評価準備書についての地方公共団体，住民などの意見の聴取などの手続およびその結果を許認可などに適切に反映することその他の事項を定めている。

■環境基本法

地球環境問題まで視野に入れ，国の環境政策の基本的方向を定めた法律であり，1993（平成5）年11月に公布，施行された。既存の公害対策基本法（本法の施行に伴い廃止）から踏み出し，経済活動による環境への悪影響をできるだけ少なくし，社会全体を環境保全型に変えることを基本理念としている。具体的には，環境基本計画の作成のほか，環境影響評価（環境アセスメント）の推進や，環境税など経済的措置の調査・研究，地球環境問題での国際協力の推進などを定めている。

■地球温暖化対策推進法

1997（平成9）年12月の地球温暖化防止京都会議で採択された気候変動枠組み条約京都議定書を日本国内で着実に推進するためのいわば国内法である。1999（平成11）年4月に施行された。①国，自治体，事業者が取り組むべき温室効果ガスの排出抑制策を定めた基本方針を国が定める，②総排出量の多い事業者に自主的な抑制を促す，③国と自治体は自ら排出する温室効果ガスの抑制計画を作成し，実施状況と併せて公表する，などがこの法律の柱となっている。また，温暖化防止の啓発のため，地球温暖化防止活動推進員や地球温暖化防止活動推進センターの創設もうたわれている。環境庁の原案では，企業に排出抑制計画の作成や知事への提出を義務づけたほか，知事による事業所への勧告なども盛り込まれていたが，通商産業省や産業界の反対論もあって，こうした規制的な要素は最終的には切り離された。このため，効果的な排出抑制が進められるかどうかについて，市民団体などから批判も出ている。

■容器包装に係る分別収集及び再商品化の促進等に関する法律(容器包装リサイクル法)

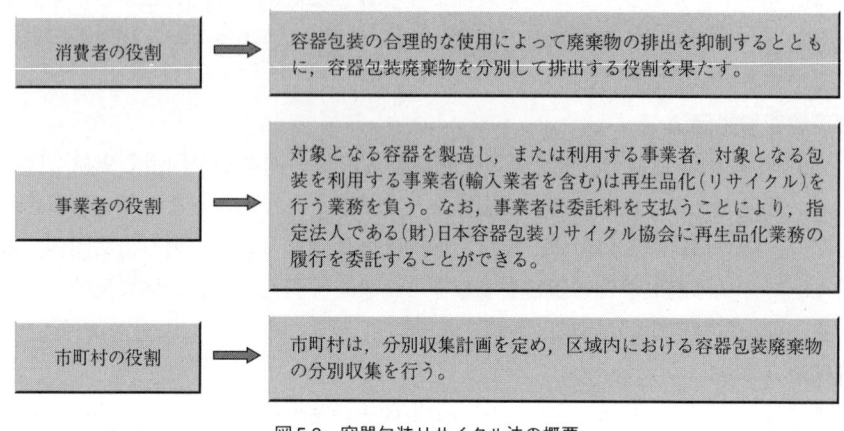

消費者の役割	→	容器包装の合理的な使用によって廃棄物の排出を抑制するとともに、容器包装廃棄物を分別して排出する役割を果たす。
事業者の役割	→	対象となる容器を製造し、または利用する事業者、対象となる包装を利用する事業者(輸入業者を含む)は再生品化(リサイクル)を行う業務を負う。なお、事業者は委託料を支払うことにより、指定法人である(財)日本容器包装リサイクル協会に再生品化業務の履行を委託することができる。
市町村の役割	→	市町村は、分別収集計画を定め、区域内における容器包装廃棄物の分別収集を行う。

図5.3 容器包装リサイクル法の概要
(出典：環境省)

　容器包装リサイクル法の趣旨は、主に家庭から出るごみの中で、容積比で約5～6割を占めるびんや缶、包装紙などの容器包装廃棄物を分別収集して再商品化することにより、ごみの減量と資源の有効利用を図ることである。1995(平成7)年に制定された。

　この法律では、消費者は、びんや缶、包装紙などを分別して排出し、市町村はそれを分別して収集し、その製造業者などは市町村が分別収集した容器包装廃棄物を再商品化する役割を担うことになっている。

　対象となる容器包装廃棄物は、びん、缶、プラスチック製品など、商品の容器および包装で商品の消費に伴って捨てられるものである。1997(平成9)年の法律施行時点では、ガラス製容器、ペットボトル(飲料および醤油用のもの)の2種類が再商品化義務の対象になっている。2000(平成12)年4月からは、紙製の容器包装およびプラスチック製の容器包装が対象に追加されている。

■特定化学物質管理促進法

　有害な化学物質による環境汚染を未然に防止することを目的としてその排出量などを把握して公表するための法律である。この仕組みは、環境汚染物質排出・移動登録制度(PRTR)と呼ばれ、アメリカやカナダ、オランダ、イギリスなどで

すでに導入されている。1999(平成11)年7月に成立した日本の法律では，対象となる化学物質は，「人の健康を損なうおそれや，動植物の生息に支障を及ぼすおそれ」のあるものなどとされ，**環境ホルモン**(内分泌撹乱化学物質)を含め，200〜300種類にのぼる。こうした化学物質を生産活動などに使っている事業者は，その排出量などの届け出が義務づけられる。

国はこうした届け出を集計し，その結果を都道府県に通知するとともに公表をすることになる。また，国民は事業所ごとのデータについて，国に開示を請求できる。対象化学物質と対象業種などを決め，2002年度から公表されている。

■**特定家庭用機器再商品化法(家電リサイクル法)**

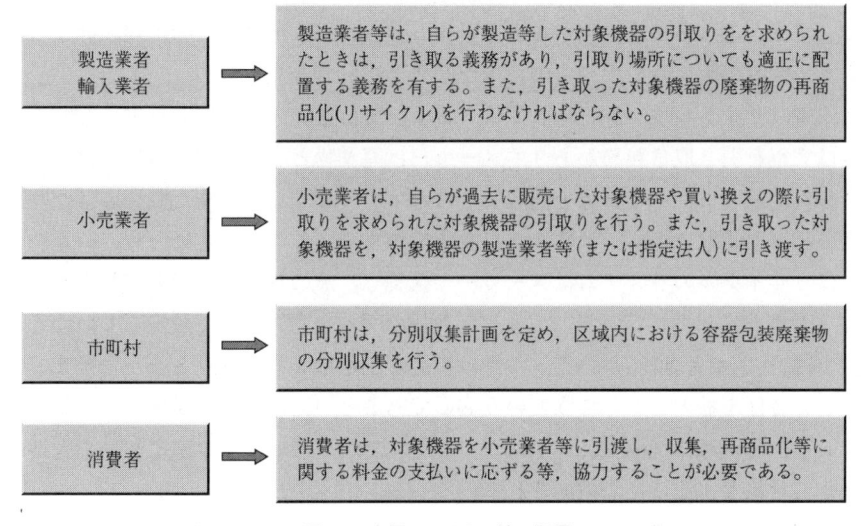

製造業者 輸入業者	製造業者等は，自らが製造等した対象機器の引取りをを求められたときは，引き取る義務があり，引取り場所についても適正に配置する義務を有する。また，引き取った対象機器の廃棄物の再商品化(リサイクル)を行わなければならない。
小売業者	小売業者は，自らが過去に販売した対象機器や買い換えの際に引取りを求められた対象機器の引取りを行う。また，引き取った対象機器を，対象機器の製造業者等(または指定法人)に引き渡す。
市町村	市町村は，分別収集計画を定め，区域内における容器包装廃棄物の分別収集を行う。
消費者	消費者は，対象機器を小売業者等に引渡し，収集，再商品化等に関する料金の支払いに応ずる等，協力することが必要である。

図5.4　家電リサイクル法の概要
(出典：環境省)

1998(平成10)年には，家電製品についても具体的なリサイクルの制度がつくられた。これは，メーカーや販売店がテレビ，冷蔵庫などの家庭用の電化製品の収集，運搬，再商品化の責任を負うことを明確にした「特定家庭用機器再商品化法(家電リサイクル法)」である。

この法律では，家電製品を製造している企業に，小売業者から機器を引き取り，再商品化などを実施する義務を課している。小売業者には，過去に販売した機器

を引き取り，製造業者などに引き渡す義務がある。消費者は，再商品化のための費用を負担するとともに，家電製品をきちんと引き渡さなければならない。そして，市町村が回収したものは，製造業者などに引き渡すことになる。

対象となる家電製品は，テレビ，冷蔵庫，洗濯機，エアコンの4品目となっており，将来はパソコンを対象とすることも検討されている。家電リサイクル法は，2001(平成13)年4月から施行されている。

■家電の拡大生産者責任

家庭から排出される家電製品は，現在，年間約60万tという量の発生となっている。現況ではその約8割は販売店によって下取り回収されるが，残りの約2割が粗大ごみとして処理されていると推定されている。これらの粗大ごみの処理については，これまで自治体が費用を負担してきたが，地域財政の困窮状態などもあり，家電の利用者や生産者の負担が必要となってきている。

家電リサイクル法が施行されることによって，販売店は下取りを求められたときは家電を引き取る義務があり，メーカーは廃棄物として処理するのではなく定められた基準に従って資源を回収しなければならなくなる。また販売店は，廃家電製品を引き取る際に，消費者から費用を請求できることが定められている。これはリサイクルのシステムはメーカーが構築し，その費用は消費者が負担するという考え方に基づいている。こうした責任の所在を明確にして設定していく考え方を「拡大生産者責任」という。これは製品が不用になり，廃品となった後まで生産者の責任を拡大していこうというものであるといえる。当面対象とされるのは，テレビ，冷蔵庫，洗濯機，エアコンの4品目だが，将来は他の家電製品や大型家具類も対象とすることが検討されている。

■家電リサイクル法への対応

ヨーロッパでも類似法制度が検討されているが，これらと比較すると，リサイクル費用の回収方法では，日本が排出時に消費者から直接徴収する方式であるのに対し，ヨーロッパでは製品価格に上乗せする方式をとっている点が異なっている。

電機メーカーはすでに，こうした動きに対応して製品アセスメントの導入や廃家電製品の処理システムの開発など，廃家電製品のリサイクルに自主的に取り組んでいる。家電リサイクル法の施行に伴い，自主的な取組みにとどまらず，回収・処理に責任を持って対処することが法的に義務づけられた。特に重要なもの

としては，①廃家電製品の回収・リサイクルのためのシステム（指定取引場所，リサイクル施設，物流網の整備など）の構築，②消費者から徴収するリサイクル費用の設定，③リサイクル・マーケットの開拓などが挙げられるだろう。

こうした課題・問題点を解決するにあたって，まずは効率的で費用が安くつくリサイクルシステムを構築することが必要である。リサイクル活動のポイントには，常に経済性とのリンクがある。企業も自分の会社やグループの中だけではなく，他社，他業種との協力や自治体・専門業者の活用などを視野に入れていく必要性があるだろう。また，リサイクルシステムを円滑に進め，軌道に乗せるためには，地球環境につき消費者に理解と関心を持ってもらうことが不可欠である。環境，リサイクル活動に対する啓発活動と同時に消費者に適切に情報を提供していくことも必要となる。

国内外で環境に関する規制が厳しさを増す中，製造者は製品の生産・使用の過程だけでなく，使用後も含めたライフサイクル全般について責任を持つことが求められてきている。事業戦略や採算も，製品のライフサイクル全体を通して考慮することが必要となってきている。家電リサイクル法は，企業のそうした取組みの試金石となってくるだろう。

■拡大生産者責任

製品の生産者が，その製品の再利用や処理についても責任を負うという考え方である。OECD（経済協力開発機構）が廃棄物対策の新たな概念として打ち出したもので，先行事例として，容器包装の回収，再利用の責任を製造販売事業者に負わせたドイツの包装廃棄物政令がある。現状では使用済みの製品の廃棄物としての処理は自治体が行っているが，これを生産者の責任とすることで廃棄物の抑制や再利用容易な製品への転換を図ろうというねらいがある。生産者はリサイクルの技術開発や回収の仕組みづくりを行い，消費者は適切なコストを負担する。日本でも**家電リサイクル法**がこの考え方に基づいており，すでにメーカーでは分解しやすい構造やリサイクルしやすい素材への転換を図るなど，効果が現れてきている。今後，自動車，コンピューター，大型家具など様々な製品への適用が想定されており，廃棄物政策を根幹から変えるものとして注目されている。

■グリーン購入法とエコマーク

2001（平成13）年4月に施行された環境物品調達推進法（グリーン購入法）では「国の各機関では環境物品等の調達方針を作成し，推進する」，「都道府県などの

自治体では調達方針を作成し，その実行に努める」，「消費者は環境物品を選択するように努める」，「製品メーカーでは適切な環境情報を提供するように努める」ことが義務づけられ，環境にやさしいとされる製品を優先的に国や自治体が利用する方針を打ち出したものである。また各行政機関，特殊法人，自治体が公表している「環境物品等の調達の推進を図るための方針」には，14分野101品目が挙げられている。

特定調達物品の購入方針では，例えば繊維製品の場合，「調達基準は再生PET樹脂が10％以上使用されていること」となっている。一方，エコマークでは「再生PET樹脂が50％以上使用されていること」が認定基準になっている。つまり，グリーン購入法では，広範囲の企業がグリーン購入に取り組みやすいように，エコマークより低い基準で制定されているといえる。

これに対してエコマークは，ISOやJIS，工業会・学会規格を取り入れて基準を制定しているため，グリーン購入法よりも厳しい認定基準を設けている。このような理由からエコマーク認定商品は，環境負荷の少ない製品である証とされている。各省庁の「環境物品等の調達の推進に関する事項」の「調達する品目に応じて，エコマーク等の既存の情報を活用することにより，判断基準を満たすことにとどまらず，できる限り環境負荷の少ない物品の調達に努める」という内容からも，エコマーク商品の一定の信頼性が確保されたものであると考えられる。

5.8　環境をめぐるその他の動き

(1) 酸性雨

酸性雨は，化石燃料を燃焼させることによって生じる硫黄化合物や窒素化合物が雨に溶けることによってできるpH 5.6以下の酸性の雨によって引き起こされる環境汚染である。

特に欧米においては，これらの酸性溶液が湖沼に溶けることによって森林の衰退が起こるなどの報告もなされている。環境庁の第2次酸性雨調査によれば，日本の酸性雨の状況は欧米並みであり，pH 4を超える場所も多くあるということである。このような状況のもとで，現行の日本では酸性雨による大きな環境破壊報告されていないものの，将来に向けては不安要因が残るところでもある。

(2) 水環境の保全

　水環境を保全していくためには，一度使用した水をきれいにして自然に帰す技術が必要である。人間の産業活動や都市活動が今ほど環境に大きく負荷をかけることのなかった時代は，自然自体がきれいな水をもう一度取り戻すことのできる自浄作用が働いていた。しかし，今の人間の活動は地球の自浄能力をはるかに上回るものとなっており，技術の力を使わなければ環境を保全していくことができない状況となっている。人間の生活から出てくる下水についても，昔のように海や川にそのまま垂れ流せば自然が浄化してくれるわけではない。

　現代における都市では上下水は集中的に処理され，例えば下水の場合は最後の処理水は脱水ケーキと呼ばれるヘドロのようなものとなる。最終的にはこれを焼き，固体に近いものとして体積を減らす。こうした下水の汚泥を焼き固めた軽量の骨材としてスラッジライトと呼ばれるものがある。スラッジライトは，コンクリートの骨材などとして使用することのできる建設材料であり，最終的には非常に小さな粒で堅く，においもしない粒になる。こうしたこれまではあまり見向きもされなかった汚泥やヘドロ，人間の排泄物についても循環の中に取り込んでいく社会にしていこうとする発想は重要である。

(3) 土壌汚染

　カドミウム，ヒ素，銅などの有害物質による土壌の汚染のことである。従来，農地や廃棄物処分場などが，「農用地の土壌の汚染防止等に関する法律」，「廃棄物処理法」などで規制されてきたのに加え，1991(平成3)年にはすべての土壌についての土壌環境基準がカドミウム，鉛，六価クロム，ヒ素，総水銀など10項目について設定された。1994(平成6)年2月には，トリクロロエチレンなど10項目の有機塩素系化合物，シマジンなど5項目の農薬が追加されて25項目となり，同時に鉛，ヒ素が強化された。近年，強い発がん性，催奇形性を示すダイオキシン類による底質汚染が注目を浴びているが，農用地の汚染により食物連鎖を通じての人体への影響が大きな問題となっている。各地で母乳から多く検出され，母体，乳児への悪影響が憂慮されている。

(4) 地下水汚染

　都市用水の1/3を占める地下水は，トリクロロエチレン，ジクロロエチレンな

どの有害化学物質が浸透して，人の健康を脅かしている。1997(平成9)年度の概況調査では，全国の調査対象井戸のうち，環境庁の決めた評価基準をテトラクロロエチレンが0.5％超えているほか，ヒ素，鉛，六価クロム，総水銀，四塩化炭素，1,1-ジクロロエチレン，トリクロロエチレン，ジクロロメタンテトラクロロエチレンが超過して検出された。このほか，多肥集約農業に伴う硝酸性窒素による汚染も広がり，1997年度には地方自治体調査の6.5％で指針値を超えた。また，1999(平成11)年，環境基準に新しく硝酸性窒素など3項目が追加された。

(5) 狂牛病が広がったことによるごみ問題への影響

ヨーロッパでは，狂牛病が各地で広がって大問題になった。日本でも2001(平成13)年に狂牛病が発見されてたいへんな騒ぎとなったことは記憶に新しい。この狂牛病，どうしてこんなに広がってしまったのかというと，ヒツジの海綿状脳症であるスクレイピーの原因タンパク質プリオンがウシに感染したからであるとみられている。ウシは草食動物なので，普通は植物しか食べない。しかし，ヨーロッパでは，屠殺所でウシを殺したときに，売り物になる肉以外の骨や肉を粉にし，飼料にして家畜のウシに食べさせていたために感染したウシのプリオンが他のウシに伝染してしまった。この「共食い」が原因となって，狂牛病がウシからウシへと伝染する原因をつくっている。

■狂牛病対策がもたらした別の問題

そこで，EUは狂牛病対策として，屠殺所で出た肉や骨を飼料として使うことを禁止した。ウシなどの動物の死がいで飼料をつくることも禁止されるようになった。スウェーデンでは，もともと1986年から動物の死がいで飼料をつくることは禁止されていたが，EUがこのような対策をとったおかげで別の問題も出てきている。屠殺所で残った肉や骨，そして動物の死がいを飼料にできなくなったため，焼却しなくてはならない廃棄物が大量に増えてしまったという問題である。

■狂 牛 病

正式名は「ウシ海綿状脳症」(Boving Spongiform Encephalopathy：BSE)である。ウシの脳がすき間の多いスポンジ状になる中枢神経病で，感染したウシは，音に過敏で，不安動作をみせ，歩くとふらつき，転倒しやすく，立てなくなる。また，目が飛び出し，興奮，攻撃的な異常行動がみられ，最終的には死亡する。イギリスでは1986年に初めて報告され，1995年末までに15万5 000頭がこれにかかっ

1996年3月，イギリス保健相が狂牛病のウシの内臓や肉からヒトにクロイツフェルト・ヤコブ病が移る可能性があると認めたため，イギリス産牛肉のボイコットなど世界的な問題に発展した。イギリスでは昔から子ウシの離乳食にヒツジの脳や骨，内臓を混ぜていた。これは，発育増進や乳の出をよくする効果が高いとされてきたからである。1980年代に熱処理が変更されたため，ヒツジの海綿状脳症であるスクレイピーの原因タンパク質プリオンがウシに感染したとみられる。1988年に政府はその使用を禁止したが間に合わず，結局，100万頭単位のウシが処分された。

(6) ダイオキシン問題への取組み

廃棄物の処理に関連して，ダイオキシン類の問題はたいへん重要な問題である。

ダイオキシン類は，物質の燃焼の過程などで非意図的に生成されてしまう物質である。そのため，空気中に広く分布している。

ダイオキシン類の現在の主な発生源は，ごみの焼却による燃焼だが，その他に，製鋼用電気炉，たばこの煙，自動車排出ガスなどによっても発生する。また，森林火災，火山活動などでも発生する。かつて使用されていたPCBや一部の農薬に不純物として含まれていたものが川や海の底の泥などの環境中に蓄積している可能性があるとの研究報告もある。

環境中に出た後の動きの詳細はよくわかっていないが，例えば，大気中の粒子などについたダイオキシン類は，地上に落ちてきて土壌や水を汚染し，また，様々な経路から長い年月の間に，底泥など環境中にすでに蓄積されているものも含めて，プランクトンや魚介類に食物連鎖を通して取り込まれていくことで生物にも蓄積されていくと考えられている。

また，1997（平成9）年度に実施された母乳中のダイオキシン類に関する研究では，1973（昭和48）年度以降ダイオキシン類の濃度は減少してきており，母乳中のダイオキシン類濃度は最近までにおおむね1/2程度になっている。

■ ダイオキシン類対策特別措置法

ダイオキシン類については，1997（平成9）年に廃棄物処理法施行令の改正などが行われ，廃棄物焼却施設の排ガスの規制基準が定められた。さらに，1999（平成11）年7月12日には「ダイオキシン類対策特別措置法」が成立し，これに基づい

た排出ガスの規制や排水，廃棄物焼却施設のばいじん，焼却灰などに関する規制が行われることになった。なお，ここでいう「ダイオキシン類」とは，ポリ塩化ジベンゾパラジオキシン（PCDD），ポリ塩化ジベンゾフラン（PCDF），コプラナーポリ塩化ビフェニル（コプラナーPCB）を指す。

また，1999（平成11）年3月30日に開催されたダイオキシン対策関係閣僚会議において，「ダイオキシン対策推進基本指針」を策定（同9月28日改定）し，政府一体となってダイオキシン類の排出量を大幅に下げるなどの各種対策を鋭意推進しており，2002（平成14）年度までには，排出総量を1997年に比べて「約9割削減」することにしている。なお，その後の環境省の調査によると，全体の炉のうちほぼ1/4はまだ不適合という結果であり，数値目標は完全には達成されていない。

ダイオキシン類は，ものを燃焼する過程などで発生するので，ごみの量を減らすことがダイオキシン類の発生量を抑制するうえでも効果的である。このため，私たち一人ひとりが，ダイオキシン問題に関心を持って，ものを大切に長く使ったり，使い捨て製品を使わないよう心がけ，ごみを減らし，再利用やごみの分別・リサイクルに協力することがとても重要である。

また，従来，排出ガス濃度が規制されていなかった小型の廃棄物焼却炉についても，火床面積0.5 m以上または焼却能力50 kg/h以上のものについては，ダイオキシン類対策特別措置法により規制が行われることとなったので，これらを引き続き使用する場合は，維持管理に十分留意する必要がある。

さらに，家庭用の簡易な焼却炉によるごみの焼却については，ダイオキシン類の発生量を総量として削減する観点からは，法の基準に適合した市町村のごみ焼却施設によって焼却することが望ましいと考えられる。このため，家庭ごみの処理については，分別収集など市町村ごとのごみ処理の計画に従ってごみを排出するなど，住民の協力も必要である。

今後とも関係省庁が連携をとって，政府一体となってダイオキシン類対策を強力に推進していくこととしている。

(7) コプラナーPCB

PCB（ポリ塩化ビフェニル）の一種で，ダイオキシンに似た化学構造を持つ物質で，絶縁油などPCB製品に含まれる。毒性はダイオキシンより低いが，人体に

入ると脂肪などに蓄積され排出が難しく，1968(昭和43)年のカネミ油症事件の原因ともなった。1974(昭和49)年に製造と使用が禁止されたが，すでに環境中に高濃度で蓄積されているとみられるほか，ごみ焼却でも発生する。日本ではこれまでダイオキシン規制の対象外となっていたが，1998(平成10)年，WHO(世界保健機関)が正式にダイオキシン類に認定，大幅な見直しを迫られている。

写真5.1 ごみ処分場跡地の発生化学物質の測定データ

参考文献

1) 環境庁：気候変動枠組み条約第3回締約国会議(COP3)，京都国際会議，1997.10
2) 環境庁：ダイオキシン対策関係閣僚会議，ダイオキシン対策推進基本指針，1999.9
3) 加藤尚武：環境倫理学のすすめ，丸善ライブラリー，1991
4) 安田八十五：ごみゼロ社会をめざして，日報，1992
5) 八太昭道：ゴミから地球を考える，岩波書店，1991
6) 川口和英：環境スペシャリストをめざす，教育情報センター，1999
7) 環境学がわかる，アエラムック，朝日新聞社，1998
8) 新環境学がわかる，アエラムック，朝日新聞社，1999
9) 自治体問題研究所：ごみ問題解決のゆくえ，自治体研究社，1987

6

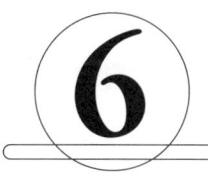

都市開発面でのアプローチ

6.1 自然と人間の技術との共存
6.2 環境破壊からの社会資本へのアプローチ
6.3 社会資本としてのごみ施設
6.4 都市構造の変革

公園の中でのリサイクル(世田谷区羽根木公園プレイパーク)

第6章　都市開発でのアプローチ

6.1　自然と人間の技術との共存

(1) アカウンタビリティの必要性

　ごみ関連の施設を整備するうえでたいへん重要な概念として，アカウンタビリティがある。**アカウンタビリティ**とは説明責任のことをいい，行政組織など国民が納めた税金の使い道を付託された事業者が納税者に対して事業の成立過程などについてきちんと説明する義務のことをいう。日本国民は，これまで納税したお金について，その用途や効果について十分な説明を行政側から得てきていなかった。しかし，国の財政が厳しく，情報の公開への関心が高まる中，アカウンタビリティは，これからの公共的な事業にはどうしても必要な問題である。公共事業のアカウンタビリティとは，「政策，施策等を説明する責任」に加えて，「政策，施策等を説明できる方法で実施する責任」の意味を含んでいる。行政として，政策，施策などの内容の説明，実施過程の説明，実績の評価などを国民に対して実施する責任があり，さらに，その責任を「わかりやすく」行う責任があることをいう。説明責任向上のための考え方として，公共事業へのプロジェクトマネジメント手法の導入などの取組みが進められている。

(2) パラダイム（枠組み）の変化と都市の変化

　都市の変化要因の中で一つヒントとなるのは，パラダイムの変化である。特に大都市においては，時代の変化に対応して都市構造の変革が急激であり，見落とすわけにはいかない。ところで経済社会の構成が変わった，パラダイムが変わったといわれるが，経済社会状況がいつから，どう変わったというのであろうか。ソフトノミックス，経済のニューサービス化など新しい造語がたくさん登場する中で，日本を取り巻く社会の枠組みや構造がどれだけ変化したかは，一つの物差しでは，計りきれないといってよいであろう。

　今日，科学技術の中でもパラダイムの転換というキーワードがきわめて注目を浴びている。ナノテクノロジー，つまり数十ミクロンオーダーの静電気を利用したモーターなどマイクロマシンと呼ばれる超小型のマシンに対する研究が注目されている。このような超小型のマシンは，人間の体内で細胞レベルに対して機能し，病気を直すといった夢物語に近いお話が真剣に検討されているわけである。

　こうした機能を備えているものは，究極的には蚊や蚤のような小さな昆虫の高

度な行動にみるように，感覚細胞やニューロンの世界の出来事に帰着していく。このような世界となると，環境対人工の構造物ではなくて，機械自体が環境の一つになってしまうという現象が起こってくる。

　環境を内部化すること，パラダイムの転換が起こり，内と外を分断することのない技術が確立することによって環境問題の原理的な解決をみることができるというのが最近の科学者の理論である。これから都市づくりの中でますます環境は重視されてくる。「環境にやさしい」という点で，このナノテクノロジーの考え方を応用する範囲は広いのである。ごみの発生単位である家庭でごみ処理が簡単に行われるのであれば，ごみ問題の解決は早急に解決していくだろう。都市の骨格は変わっていないのに，中身だけあっという間に変わってしまっているもの，それが東京をはじめとした都市の姿なのかもしれない。こうしたパラダイムの変化を念頭に置きながら，今後の日本の都市の変化について考えていく必要がある。

6.2　環境破壊からの社会資本へのアプローチ

(1) 持続可能な開発

　持続可能な開発とは1992年のブラジル，リオ・デジャネイロの地球サミットにおいて採択された地球環境問題を考えていくうえでの主テーマとしてとらえられている内容である。Sustainable Developmentともいわれ，将来の世代が環境資源から得る利益を損なうことなく，現在の世代の社会的または経済的利益を満たしていくような節度を持った開発のことをいう。

　例えば，鉱物資源の場合には，これを採掘して産業活動で使用してしまうと最終的にその資源は枯渇してしまうが，木材の場合には伐採した分を新たに植林するなどの行動をとることによって環境の破壊を最低限に抑え，将来的には森林の回復を狙うような開発をいう。この問題は富める北半球と貧しい南半球の南北問題などの根深い問題を含むもので，国際的な協調と努力が欠かせない。

(2) ミティゲーション

　緩和するという意味であるが，開発に伴う環境の被害を減少させる都市開発の手法である。開発に伴う環境の被害を極力減少させることができる。損なった環境を復元させる働きを持たせるもので，埋立地などで活用されるケースが多く見受けられる。森や干潟などの自然が大規模に開発することによって失われる代わ

りに，これに見合った分の自然を復元させる。開発に伴って壊れた環境を別の環境保全策によって補う形のものである。アメリカでは広く取り入れられつつある方法であるが，日本の実施例はまだ少ない状況である。ちなみに静岡県の清水市では1993(平成5)年10月に興津川の保全条約をつくり，10 ha以上の大規模開発業者に対して伐採した森林と同面積以上の森林確保を義務づけているという事例がある。また，広島湾での人工干潟などの例のように開発環境の改善を行う自治体も出現してきている。

　近年，埋立地や人工島の開発を行うにあたって失われた海岸線を周辺域で人工海浜をつくるなどして，自然を補完することは重要なことだ。こうして使った分の自然は元に戻すということが持続可能な開発のためにはたいへん重要であるといえるであろう。

6.3　社会資本としてのごみ施設

(1) 社会資本ストック

　社会資本は，社会的共通資本ともいわれ，私的企業によってのみでは整備することのできない資本である。私的資本などと異なり，特定の個人のものではなく，公共性が強く社会的に消費される性格を持つ資本を指し，社会資本ストックとは，一般的に道路，河川堤防，上下水道，公園など国民経済全体の基盤となる公共施設などの整備量をいう。社会資本の効果を考える場合，ストック効果と呼ばれるものと，フロー効果と呼ばれるものがある。ストック効果とは，公共投資により整備された社会資本整備が機能することにより，社会活動の効率性，生産性，生活環境の快適性などを長期的に向上させる効果をいう。一方，フロー効果とは，公共投資を行うことで建設業などの生産活動を活発にし，原材料や労働力の需要を増大させ，生産機会，雇用機会の創出などの経済活動を活性化させる効果のことである。

　ごみ焼却場やごみ処理場は，いわゆる嫌悪施設といわれる施設で，屠殺場や下水道施設と同じように，人々からどちらかというと住んでいる場所からなるべく遠いところにあってほしいと思われる施設である。社会の中に必要であるのはわかっているけれど，できれば自分の家の近くに立地してほしくないと思われる類の施設で，忌避施設という言い方もある。こうした施設の立地を計画するには，都市計画のうえで計画されることが必要である。都市計画決定の必要な施設は，

都市施設と呼ばれる。

(2) 公共投資による社会資本の整備

　ごみ関連施設を含め，道路，鉄道，港湾，空港など民間のみでは整備が難しい公的な事業は，多くの場合，政府や地方自治体，特殊法人，地方公営企業などによって整備される。これらのことを公共投資という。

　公共投資には一般的に莫大な資金がかかるため，これらを整備していくには税金のほかに国債や地方債も必要となってくる。また，こうした公共的な施設の建設は民間経済に対しても効果を与えていくことから，乗数効果を通じて景気浮揚効果などの面も期待されている。公共投資が行われることで，関連産業に対しても整備の波及効果が及び，インフラの整備を通して地域振興の手段などにもこれまで活用が行われてきた。

　広くは政府系企業の投資を含める場合もあるが，通常は公共事業，すなわち国・地方団体による社会資本建設をいう。公共投資は，民間経済に有効需要を喚起するという景気対策の面と，供用することにより国民に便益（利益）ないし生産力増大をもたらす面とを持つ。

　公共事業の多くは国債・地方債で賄われるが，その元利を租税で負担するものが，同時に便益を享受するので合理的とされてきた。この考え方はケインズ理論の理論を応用したTVA事業以来の理論で，日本でも戦後50年間にわたって信じて来られたといえそうである。

　民間にまかせておいては整備できないインフラストラクチャーを公共がつくることにより国民に便益をもたらすことで，その元利を納税者が負担することは，合理性があるとされてきた。しかし最近は，便益や生産力増大をもたらさない無駄な投資が多く，批判されている。

　橋本政権下で財政改革のため公債を削減する方向が打ち出されたが，小渕政権は景気対策のためまた公共投資増加に転じた。小泉政権においては道路特定財源などに対してもメスを入れていこうとしている。

6.4　都市構造の変革

(1) 環境先進国ドイツでは

　ヨーロッパ型の環境対応の施策は，ドイツを筆頭にして生活サイクルの中での

のシステムとしてたいへん充実したものがある。日本の工業系の環境技術は世界でもトップレベルにあるといえるが，ごみのように生活に密着し，ライフスタイルに影響するものについては，やはりヨーロッパ社会に一日の長があるといわざるをえない。こうしたドイツを筆頭とした廃棄物やリサイクルに関する社会的枠組みには，学ぶべきところが多い。

　環境に関する取組みがたいへん進んでいる国として有名なのがドイツである。ドイツでは環境をどのようにとらえているのであろうか。

(2) ビオトープ

　ドイツでは，都市計画の中で環境に対応した計画をきちんと行う傾向がある。その良い例の一つが，ビオトープと呼ばれる考え方である。ビオトープとは，ドイツ語で生物を表すBIOと場所を表すTOPをつなげた造語で，生物が棲息できるような自然環境を人工的に復活させる形での地域づくりのことをいう。具体的には「とんぼ池」や「蛍池」などの自然と環境が調和した生態系が形づくられた地域を整備することを指す。ドイツでは，このビオトープの概念が都市計画の中で位置づけられており，Fプランと呼ばれるマスタープランやBプランと呼ばれる詳細計画の中で具体的に検討が行われている。日本においても近年ビオトープの概念が導入され，地域の自然を保全し新たに育てる手法として注目を集めつつある。

　1970年代の後半頃より庭園や公園，河川敷などに湿地や水辺をつくることによって野生生物を呼び込もうとする運動が盛んになった。ビオトープは，都市の開発に従って分断されたり，生物が棲息するうえで困難となった状況の土地を人為的に手を加えて自然に近い形に戻し，生物の棲める空間をつくり出すことに意味がある。

　日本でも一部の自治体や団体がこれに取り組んでおり，ビオトープをさらにネットワーク化する構想なども登場してきている。

写真6.1　町の裏手にはすぐライン川がある（ボン）

(3) 新しい発想

「風の道」と呼ばれる都市計画がドイツで行われている。ドイツのシュトゥッツガルト周辺では，丘陵地から新鮮で清浄な大気の流れを盆地に立地する都市中心部に導くという発想がある。都市において自然の風を利用するという優れた発想だ。どこの都市でも導入できる施策ではないが，たいへんユニークな発想であるといえるだろう。

シュトゥッツガルトは地形がすり鉢状の盆地であるため，冬季の冷たい風を防ぐのに好都合であったが，大気汚染がその後深刻化し，特に冬季の安定した大気が逆転層をつくり，地域内にスモッグを滞留させ，きわめて深刻な環境悪化を辿った経緯がある。

このため，気候条件や気候風土の調査を徹底的に行い，大気や水の流れの制御を都市計画の中に組み込むことにより，都市に呼吸を行わせる発想が生まれた。

新鮮で清浄な空気の流れを都心部で行うために，道路，公園，森林，建物などの再配置のための都市整備計画が行われた。街と自然が融合することによって，住みやすい都市をつくる観点が必要である。

(4) ドイツにおける環境枠組み制度
■循環経済・廃棄物法

ドイツでは，1996年10月に循環経済・廃棄物法という法律が施行された。これは，世界で最も先進的な廃棄物関係の法律とされている。これまでも環境先進国として知られてきたドイツであるが，この法律によってさらに環境に対する取組みを強化していくものとして注目される。

ドイツではすでに1986年に廃棄物対策について，発生回避，再利用，適正処理という優先順位を規定した「廃棄物回避と管理法」という法律を制定している。その後，1991年には包装廃棄物政令を公布して製造販売事業者に対して包装廃棄物の回収・再利用に関する義務づけを行ってきた。循環経済・廃棄物法は，それまでの廃棄物回避法に代わって制定されたものである。

この法律の考え方の中では，廃棄物の削減と環境保全を一体化し，社会や経済の仕組みを循環型に再構築していくことをよりいっそう明確にしている。事業者に対しては，リサイクルできない製品の生産を抑制すると同時に，製品のリサイクルや適正処理まで責任を求める「拡大生産者責任」の概念を世界でいち早く取り

入れた法律である。日本では廃棄物処理とリサイクルは別の法体系となっており、これらの法律を統合して、ドイツ型の法律を制定すべきであるという議論もある。

■DSD(デュアル・システム・ドイッチェランド)

1992年にドイツで発足したシステムで、ガラス、紙、包装紙などの回収を行い、リサイクルまで責任を負っている。包装材にはDSDの緑の点マークというマークがつけられ、商品を販売している製造・販売事業者から使用料を受け取り、代わりに回収を行う契約を取り交わしている。DSDとはDSD社(Duales System Deutschland GmbH)の略であり、貿易業界の出資により包装廃棄物に関して、1990年、回収・リサイクルを行う組織として設立され、全国レベルでの回収・リサイクルが行われているものである。DSD社は、包装材に対して「緑のマーク」(Gruene Punkt)をつける権利を有償にて各企業に与え、このマークのついた包装廃棄物を回収し、リサイクルを行っている。リサイクルにとりわけ熱心なドイツならではの方式である。

全国の食品関係の96％、非食品関係でも60％の事業者がDSDと契約を取り交わし、1996年度では総収入は41億マルクに達する。

ドイツは、包装廃棄物についてすでにリサイクルの体制を整え、今後自動車や電気製品などのリサイクル体制を整えていくという、国際的にみて環境政策に関して最も進んだ国となっている。今後新しい理念のもと廃棄物の減量・リサイクルが一段と加速させられるものと見込まれている。

一般消費者は、家庭ごみを緑のマークのついた包装廃棄物(缶・プラスチック・ブリキ・紙パック・複合材など)と生ごみなどに分け、それぞれ別のごみ容器に入れ、排出する。

写真6.2　ごみ収集の様子(ケルン)

写真6.3　ドイツのごみ回収箱(ケルン)

包装廃棄物の入ったごみ容器は，DSD社により回収・処理され，一方，生ごみなどは自治体にて回収・処理される。

■ドイツのDSDの動き

　徹底したリサイクル主義で知られるドイツの環境行政が最近，変わり始めているといわれている。ドイツの環境行政の特徴は，循環経済・廃棄物法にみられるように徹底したリサイクルの推進であり，包装廃材回収システム「DSD」が中心となって，活動を展開していた。

　しかし最近，ドイツの中でも環境経済の進んだ自治体から，回収リサイクルよりも焼却処理が一番環境負荷が少なく，しかも経済効率がよい，という意見が出始めている。ドイツでは，企業に包装廃材の引取義務がある。この企業の引取業務を一括して代行するのがDSDである。しかしリサイクルコストは商品に上乗せされるため，消費者の負担が大きく，DSDのコストが高すぎるという不満の声が出てきていたのが現状であった。また，循環経済・廃棄物法では，発熱量11 000 kJ/kg以上での廃棄物の焼却は，エネルギー回収と認められている。しかも焼却設備からのダイオキシン排出は$0.1\ ng/m^3$に規制されているため，焼却設備は環境保全上の対策が万全だというのが一般的な見解である。

　このような中，プラスチック廃材を，回収・洗浄・選別などを行って，材料回収するよりも，粉砕・圧縮し，高発熱量の燃料として，ごみ焼却発電設備でごみと一緒に焼却することが経済的であり，しかも環境を阻害しない，という意見が強くなってきている。ドイツ政府は，現在，包装材規制の改定に向けて動き出しており，ドイツ市町村協会からは，包装材のリサイクル率25％を確保したうえで，それ以外は家庭ごみとして収集し焼却するという提案も出されている。

　分別回収には，ごみを資源に変えるというだけではなく，ごみそのものを減らすという効用もあるだけに，一概に分別回収，リサイクルという仕組みを否定することはできない。一方では，日々進歩する技術に柔軟に対応することも大切である。様々な改善策をどのように融合させてうまく使っていくか，ドイツの動きに注目していく必要性があるだろう。

(5) 日本での取組み

■都市再生プロジェクトの推進

　日本の都市においてもごみ問題に関連して都市再生プロジェクトとしてごみゼ

ロ型都市の形成をめざす動きが出てきている。2001(平成13)年からは東京圏において，大都市圏におけるごみゼロ型都市への再構築に向けた取組みが開始されている。第1段階のプロジェクトとしては，東京圏(埼玉県，千葉県，東京都および神奈川県の1都3県)を対象とした検討が行われている。同年7月には，関係7都県市および関係各省から構成される「ゴミゼロ協議会」が設置され，同年11月には，7都県市による中長期計画の策定に向けた中間とりまとめを行った。

この中間とりまとめでは，国の基本方針より前倒しした廃棄物の減量化目標の設定，臨海部に立地する既存産業の集積や既存インフラの活用を踏まえた廃棄物処理・リサイクル施設の集中立地を行う拠点の形成，トラックによる端末的輸送手段と海上輸送，鉄道および河川舟運が適切に組み合わされた環境負荷の小さい効率的な静脈物流システムの構築などを行うこととされている。

■総合的な静脈物流システムの構築に向けた港湾における取組み

循環型社会の実現を図るため，港湾において港湾管理者による整備計画を踏まえ，循環資源の収集・輸送・処理の総合的な静脈物流拠点を形成し，長距離大量輸送に適し，低廉で環境にやさしい海上輸送によりその広域ネットワーク化を図るなど，総合的な静脈物流システムの構築に向けた検討が進められている。

■ゼロ・エミッション構想の推進

地域における資源循環型経済社会構築の実現に向けて，ゼロ・エミッション構想推進のため「エコタウン事業」が環境事業団などにより実施されており，1997(平成9)年度の4地域(川崎市，長野県飯田市，岐阜県，北九州市)，1998(平成10)年度の3地域(福岡県大牟田市，札幌市，千葉県)，1999(平成11)年度の2地域(秋田県，宮城県鶯沢町)，2000(平成12)年度の4地域(北海道，広島県，高知県高知市，熊本県水俣市)に加えて，2001(平成13)年度は，2地域(山口県，香川県直島町)を承認し，それぞれの計画に基づくリサイクル関連施設整備事業などに対するハード面の支援，および環境関連情報提供事業などに関するソフト面での支援を受けている。

環境事業団では，循環と共生を基調とする地域づくりの実現に向けて，1998年度に「ゼロ・エミッション団地」建設構想を具体化するための調査および基本計画の作成を行い，これに基づき，1999年度から，神奈川県川崎市において異業種中小企業の連携・集団化などを通じて廃棄物再生・余剰エネルギーの有効利用，二酸化炭素排出削減などを総合的に推進する企業団地の建設譲渡事業を実施して

6.4 都市構造の変革

いる。
■廃棄物の減量化の目標量の設定について
　また，廃棄物の減量化の目標については，現在のところ以下のような目標値が定められている。
　これまで，循環型社会の構築をめざし，1999（平成11）年9月28日のダイオキ

一般廃棄物

一般廃棄物の排出 → 排出量を5％削減
（5 300万→5 000万t）

- 使い捨て製品や過剰包装の自粛
- リターナブル容器の利用や耐久
- 消費財の長期使用
- 処理手数料の徴収などの経済的措置の活用など

再生利用（リサイクル）
10％から24％に増加
（550万→1 200万t）
〈限られた資源の有効利用〉

中間処理（焼却）
焼却量を15％削減
（4 000万→3 400万t）
〈環境保全の推進〉

焼却灰 → 最終処分（埋立）
半分に削減
（1 300万→650万t）
〈最終処分場の延命化〉

産業廃棄物

産業廃棄物の排出 → 13％増加に抑制
（4億2 600万→4億8 000万t）

がれき類，下水汚泥などのように排出量が増加せざるをえないものを除き，原則として増加させない。
（実質国内総生産が今後年率2％の割合で増加すると見込まれ，過去の傾向をもとに試算すると，排出量が17％増加すると予測される）

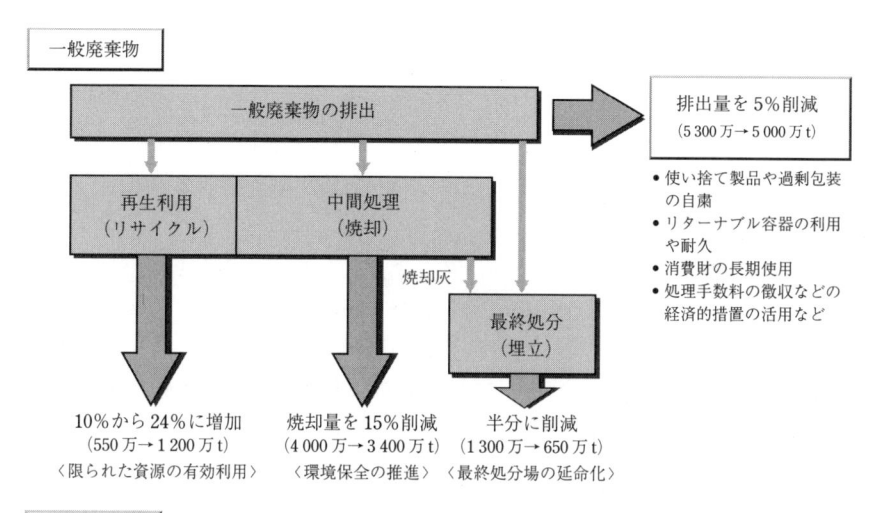

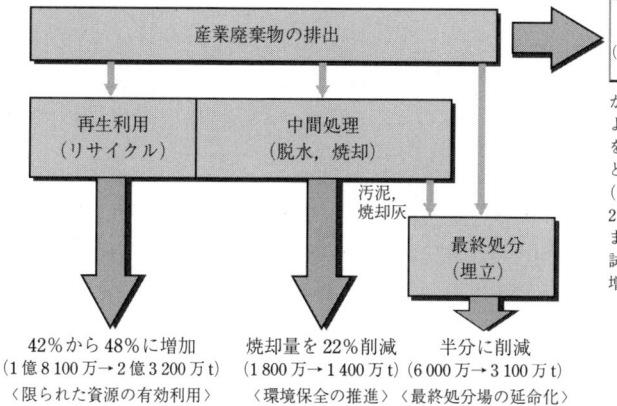

再生利用（リサイクル）
42％から48％に増加
（1億8 100万→2億3 200万t）
〈限られた資源の有効利用〉

中間処理（脱水，焼却）
焼却量を22％削減
（1 800万→1 400万t）
〈環境保全の推進〉

汚泥，焼却灰 → 最終処分（埋立）
半分に削減
（6 000万→3 100万t）
〈最終処分場の延命化〉

図6.1　廃棄物の減量化の目標量
（出典：環境省）

シン対策関係閣僚会議で，「廃棄物の減量化の目標量」を決定し今後排出量をスリム化していく必要性がある。減量化の目標年度を2010(平成22)年度とし，一般廃棄物と産業廃棄物のそれぞれについて，廃棄物の排出を抑制し，再生利用(リサイクル)を推進したうえで，再生利用できない廃棄物については，脱水や焼却などの中間処理を行って廃棄物の量を減量(例えば，焼却により廃棄物の量は約1/10になると仮定している)し，最終処分量を半減することなどを目標としている。

今後，この目標量を達成するため，政府が一体となって必要な施策の推進に努めていくことになるが，さらに，地方自治体や企業，消費者がそれぞれの役割に応じて廃棄物の減量化に向けて取り組んでいく必要がある(図6.2参照)。

■最終処分場の展開

都市計画を考えていく際に最もネックとなってくるのが最終処分場地の確保であろう。この点については全国の自治体が頭を痛めている。こうした問題は，ごみと都市開発を考えていくうえでも最重要の課題であるといえるだろう。

例えば，2001(平成13)年には，青森・岩手で大規模な不法投棄の事件が起きた。これは，香川県の豊島を上回る国内最大規模の不法投棄であった。

結局，撤去や地中に防水壁をつくって遮断するためには，環境省の試算で50億円強が必要で，その1/2を補助する方針で現在考えられている。都道府県への補助の割合は，廃棄物処理法で1998(平成10)年6月以降に投棄されたものは3/4，それ以前は1/3となっている。青森・岩手の現場は1/3で，両県から補助拡充の要望が出ていた。額が大きくて基金では対応できないため，公共事業費で賄うことが考えられている。環境省は，青森・岩手県境で不法投棄された産業廃棄物の撤去費用の国の補助を，廃棄物処理施設整備の公共事業費で賄う方針を固めた。都道府県が産廃を撤去する費用を国が補助する場合は，これまでは公共事業ではなく，不法投棄などの原状回復のための基金から補助してきた。社会資本の整備が目的の公共事業に当たるかどうか，今後の議論の元となるだろう。

■不法投棄取組みの方向

循環型社会の形成をめざし，産業廃棄物処理分野の構造改革が進んでいる中で，不法投棄は国民の産業廃棄物処理に対する不信感を増大させるなどその努力を台無しにさせかねないものである。不法投棄された産業廃棄物の原状回復は，原因者等の責任で行わせるべきものであり，それに要する経費もすべて原因者等に負

6.4 都市構造の変革

◆今後の取組みの考え方
① 行政，事業者および消費者がそれぞれの役割に応じ，廃棄物の排出抑制に努力
- 使い捨て製品の製造，販売，使用の自粛
- 過剰包装の自粛
- リターナブル容器の利用
- 一般廃棄物の処理手数料の徴収の推進などの経済的措置の活用　など

② 減量化に関する各種法制度の円滑な施行
- 廃棄物処理法
- 再生資源利用促進法
- 容器包装リサイクル法
- 家電リサイクル法

③ 減量化をさらに推進するための新たな方策の検討
- 建築解体廃棄物の適正な分別・リサイクルの推進
- 食品廃棄物のリサイクルの推進
- 国の率先実行計画によるリサイクルの推進　など

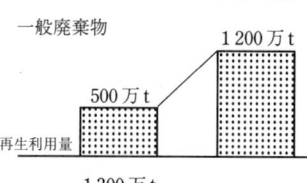

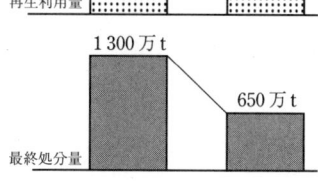

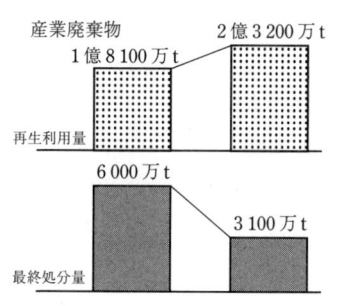

（廃棄物の減量化の目標量「平成11年9月28日ダイオキシン対策関係閣僚会議」決定より）

| | 現状 1996年度 | 目標 2010年度 |

一般廃棄物
再生利用量　500万t → 1 200万t
最終処分量　1 300万t → 650万t

産業廃棄物
再生利用量　1億8 100万t → 2億3 200万t
最終処分量　6 000万t → 3 100万t

◆一般廃棄物の取組み
① 容器包装廃棄物
- 分別収集を行う市町村への支援
- 再商品化施設整備への支援　など

② 厨芥類（生ごみ）
- 堆肥，飼料などへの再生利用の推進　など

③ 紙
- 再生利用可能な紙類の回収の推進
- 新聞紙などの古紙利用率の引き上げ　など

④ その他
- 焼却灰などの溶融固化の推進
- 粗大ごみ処理施設などでの金属回収の推進　など

◆産業廃棄物の取組み
① 汚泥
- 堆肥，建設資材，セメント原料などとしての再生利用の推進

② 動物の糞尿
- 堆肥化などによる施用の推進

③ がれき類
- 路盤財，再生アスファルトなどとしての再生利用の推進

④ 鉱さい
- 路盤財，セメント原料，骨材などとしての再生利用の推進

⑤ その他
- ばいじん中の希少金属などの回収の推進
- 木くずの製紙原料，ボードなどへの再生利用の推進　など

図6.2　廃棄物の減量化の目標達成のための推進方策
　　　（出典：環境省）

担させることが原則である。しかし，原因者等が不明または資力がない場合で，不法投棄による生活環境保全上の支障のおそれがある場合には，地域の環境保全に直接の責務を有する都道府県が，原因者等に代わって必要な措置を講じざるをえないのが現状である。産業廃棄物を適正に処理している個々の事業者には，原状回復に対する責任はないものの，産業廃棄物は産業活動の結果として排出されるものであること，住民の目からは個々の事業者というよりも投棄された産業廃棄物に関連する業界全体の問題として受け止められることなどを考慮すると，事業者としての社会貢献の観点から，原状回復において一定の役割を果たすことが期待される。

　不法投棄事案による生活環境保全上の支障の除去という個々の対応にとどまらず，産業廃棄物に対する国民の不信感を払拭して，信頼を回復し，円滑な産業活動を維持するためには，原状回復を速やかに行うことが必要である。そのためには当面必要な資金を手当てする社会的な制度が不可欠であるが，この制度については，公平性などの確保や制度実施のためのコスト，さらにはモラルハザードを起こさないことなどについて配慮されたものであることが求められる。現在の基金制度は，こうした点を勘案した結果，事業者と行政が半々ずつ負担するという考え方で支援を行ってきたものであり，今後とも，事業者の積極的な社会貢献として原状回復に対する協力が行われていくことが適切と考えられる。

　今後の基金制度の運用については，関係者の意見および基金の支援実績などを踏まえ，代執行を行う都道府県を，不法投棄に関係する可能性のあるあらゆる事業者が支援していくという観点が必要である。また，2000(平成12)年改正法の規制効果による不法投棄量・件数の推移，排出事業者責任の徹底による支援必要額の減少の見通し，産業廃棄物の排出と不法投棄の相関性などを踏まえ，基金への拠出のあり方について見直しが行われる必要がある。

　なお，基金の支援は，都道府県において不法投棄の未然防止・拡大防止対策を徹底し，法に基づく不法投棄の行為者，関与者および排出事業者すべての責任追求を徹底していったにもかかわらず，なお行政代執行せざるをえない場合に行われるものであり，今後，基金に頼らざるをえない事案が少なくなるよう，国，都道府県が一体となって不法投棄対策に万全を期すことが望まれる。

　また，産業廃棄物の不法投棄に対しては，早期対応と拡大防止および速やかな原状回復を基本として，総合的な対策を引き続き進めていくことが必要であり，

行政,警察機関,事業者および住民など関係者が一体となって取り組むことが求められている。

参考文献

1) トラスト60社会資本整備研究会編:社会資本整備と財源,技報堂出版,1992
2) 通商産業省:政策評価の現状と課題(平成10年9月政策評価研究会・中間報告)
3) 現代のごみ問題,中央法規出版,1982-1985
4) 佐野眞一:日本のゴミ,講談社,1993
5) 川又淳司,原強:ゴミからの出発,かもがわ出版,1991
6) 寄本勝美:自治の現場と「参加」,学陽書房,1991
7) 通商産業省:今後の廃棄物処理・再資源化対策のあり方,通商産業調査会,1991.10

PFIとごみ処理施設整備

7.1 新しいシステム「PFI」とは
7.2 PFIとプロジェクトファイナンス
7.3 日本におけるPFIの動き
7.4 日本のごみ事業におけるPFI事業の展開

ごみ処理工場の中(パッカー車)

第7章 PFIとごみ処理施設整備

7.1 新しいシステム「PFI」とは

(1) 期待されるPFIによるごみ処理事業の整備

　ごみ処理を取り扱う様々な施設，ごみ処理事業，発電事業などは，公益的な収益事業として現在も活動が行われている。つまり，すべてを税金で賄うだけでなく受益者負担といって，実際に利益を得る人は相当のお金を払ってサービスを受けるというのが基本である。だから水道や下水道の場合には，自治体の企業局が公営企業として水道代，下水道使用量といった形で費用を徴収する。とりわけ，ごみ関連事業については，PFIという事業の形式に適していると考えられていて，この方式をごみビジネスに適用できないか日本中の多くの自治体や民間企業がたいへん注目している。

　こうした公的なビジネスの新しいあり方としてごみ関連の企業活動を効率的に行う方法として注目を浴びているPFIについて少し詳しく説明してみよう。

　PFI (Private Finance Initiative：プライベート・ファイナンス・イニシアティブ) とは，公共施工などの設計，建設，維持管理および運営に，民間の資金とノウハウを活用し，公共サービスの提供を民間主導で行うことで効率的かつ効果的な公共サービスの提供を図るという考え方である。これは，社会資本整備を公的資金のみではなく民間の活力を応用して事業化することだが，これまでの第3セクター方式とは異なるものである。

　国や自治体は，財政難にあえいでいる。そこで公共事業への負担をできるだけ減らしたいと考えている。重くのしかかる財政負担を少しでもやわらげることで社会資本を整備していくうえでの新しい手法として，また小さな政府をめざすことを狙いとしてイギリスから登場してきたシステムである。

　PFIに類似した手法は，これまでも先進各国で採用されている。PFIのほか，BOT (Build Operate Transfer)，BOO (Build Own Operate)，BTO (Build Transfer Operate) など様々な名称のもとに，道路・トンネル・橋梁・鉄道・競技場・図書館・刑務所・空港ターミナルなどが民間の手で整備されてきている。しかし，行財政改革をテーマとした仕組みをつくり，日本での制度化の先例となったのはイギリスのPFIである。

　PFIは，従来は公共部門で行っていたサービスを民間の資金やノウハウの導入により効率的に実施する新しい社会資本整備手法といえる。

(2) 最適コストによる事業運営

イギリスでは,サッチャー政権以降の「小さな政府」への取組みの中から,公共サービスの提供に民間の資金やノウハウを活用しようとする考え方として発想され,PFIはメージャー政権時の1992年に導入された。

当時,すでにサッチャー政権において民営化が可能な事業体のほとんどすべてに対して民営化の試みが行われてきていたが,メージャー政権が民営化努力をさらにシステマティックに行い,小さな政府をめざして,残された公共サービスの効率化を図るために民間の参加を奨励したものがPFIである。

PFIの考え方は,イギリスで生まれ育ってきた考え方であるが,これに類似した公共事業分野への民間参画の取組みは世界各国においても行われており,PFIは「小さな政府」や「民営化」など,行財政改革の流れの一つとしてとらえられるものである。本来のPFIは,社会資本整備という限定的なものではなく,むしろより一般的な公共サービスを対象にしている。

その際,VFM(Value for Maney)という概念がPFIを進めていくうえでの基本的な原則となる。PFIは,社会資本整備を進めていくうえで本格的なプロジェクトファイナンス導入へもつながるものと期待されている。PFI事業は幅広い分野で検討されるべき性格のものであり,PFIの手法の適用しやすい分野から順次導入を進めていくのが望ましい。

こうした中でも,ごみ関連ビジネスは,最もPFIの趣旨に沿った経営が期待される分野でもある。PFIを有効に活用することによって,効率的な経営が行われる可能性と期待が高まっている。

7.2 PFIとプロジェクトファイナンス

(1) プロジェクトファイナンス

PFIにおいて最も注目すべき点は,ファイナンスであるといえるだろう。通常,プロジェクト事業会社からの返済が滞った場合などは,親会社からの保証を実行し,融資金の返済に充てるか,あるいは,担保として供与されていた土地・建物を売却することによりその返済用の原資を確保するというやり方が多い。融資の判断は,土地などの担保価値を前提としているのが日本のこれまでの方式であった。プロジェクトファイナンスにおいては,事業のキャッシュフローの内容を分析し,キャッシュフローの確実性,すなわち融資金の返済原資の確実性と考える。

また，そのキャッシュフローを生み出す契約書の内容，契約書相互間の合法性などを融資の担保として重要視することとなる。プロジェクトファイナンスとは，当該事業のために借用した資金を当該事業で生み出す収入で返済することができる事業かどうかを見極めることであり，事業の健全な運営がなされているかどうかを判断基準にする。

(2) 民間のノウハウを活用したファイナンス

公共事業は，国や自治体が予算を組んで民間に建設を発注し，完成後も自治体で運営するのが一般的であった。PFIは，民間が新たに設立する事業会社が融資などで資金を調達して施設をつくり，施設を自治体などに貸しながら維持，管理などを手がける。事業会社が運営まで行う場合もある。民間の資金やノウハウを使って効率的に公共サービスを提供できるので，国や自治体の財政負担を軽くできる。

7.3　日本におけるPFIの動き

(1) 日本でのPFIの適用

現在，日本でも全国各地の自治体でごみ処理場やコンテナ埠頭，美術館など30近いPFIの導入事例が出てきている。高知県では，県立中央病院と高知市立病院を統合した新しい医療センター(648床)を高知市にPFIで建設・運営する予定である。この事例では事務管理だけでなく，患者の病理検査や食事サービスまで民間で手がける方針である。国も今後，国会議員宿舎や文部科学省の建替えなどにPFIの導入を予定している。

(2) 従来の公共事業と比べて，どのくらい安くなるのか

施設は20～30年間，民間所有で管理・運営した後，自治体に譲渡される。民間会社は長期の事業計画のもとでコスト意識を徹底できるから，施設運営も含めた総事業費は約2～3割安くなる可能性がある。一般には，運営事業のウエートが高いほど，コスト削減効果が大きくなる傾向がある。

PFIを導入する際には，自治体などが自ら行う従来方式とPFIを比較して，どの程度コストが削減できるかを事前に調べることが必要となる。日本政策投資銀行の調べによれば，建設費と20～30年間の運営費を合計した総事業費で，従来

方式とPFI方式とを比較している。ちなみに事業によっては，収益施設の併設効果も寄与して，削減効果が5割を超すというたいへん大きなコスト削減効果を生んでいる事例も報告されている。

表7.1　代表的PFI事業と経費削減

事業名	事業内容	従来型総事業費(100万円)	PFIによる総事業費
神奈川県衛生研究所	建設・維持・管理運営	17 823	▲21％ 14 105
千葉市消費生活センター	建設，維持管理運営＋民間収益施設建設，運営	2 901	▲53％ 1 359
調布市立調布小学校	施設建設，運営＋最終処分	4 813	▲31％ 3 343
大館広域組合廃棄物処理組合	施設建設，運営＋最終処分	12 323	▲32％ 8 390

(資料：日本政策投資銀行)

(3) 日本でもPFIはこれから増えていく傾向にある

　長期にわたる事業運営は，大きなリスクを伴う。事前に地方自治体と民間事業者の間でリスクをどう分担するかを決めておくことが事業会社による資金調達を円滑にし，PFIを普及させる前提になる。国の通達で，PFI事業の多くは，自治体が提示する仕様書に基づいて民間が施設プランをつくり，一般競争入札で業者を決める。このやり方では，リスク分担の取り決めを計画に盛り込みにくいのが実情である。自治体，民間，金融機関の3者が最初から協議しながら計画を進めていくことが重要となる。現在のイギリスでは公共事業の14.1％をPFIが占めているが，将来的には日本においても15％程度までPFI型の公共事業が増加していく可能性があると考えられる。

(4) PFIが増えれば無駄な公共事業も減るのだろうか

　日本では，必要性の乏しい公共事業をコストが安くなるという理由だけでPFIで実施しようとするケースが目立つ。これでは本来の目標である財政負担の軽減につながらない。既存の公共事業を支える調達・発注ルールなどを抜本的に見直さなければ，既得権の維持を図る勢力によってPFIの普及が妨げられるおそれが

ある。従来型公共事業に対する補助金支出を思い切って減らす方法も考えられる。PFIを本当に効率的なものにする努力が必要である。

7.4　日本のごみ事業におけるPFI事業の展開

(1) プロジェクトファイナンス

　事業としての採算性を厳しくみていく場合，ファイナンスの面からのチェックがごみ事業においても重要となる。環境PFIプロジェクトとして，日本でも初期のPFIでモデルプロジェクトと考えられる「株式会社かずさクリーンシステム」などは，設立および運用面でもファイナンスのメリットを考慮に入れている。PFIの具体的なイメージを考えるにあたっては，パートナーとなる民間会社を想定して賃借対照表・損益計算書・キャッシュフローシートの厳密なシミュレーションを行うなどPFIによってどれほどの効果があるのかを検証していくことが必要となるだろう。PFIを考えていく際には，必要なリスク分担問題に言及し，適切なリスク配分がPFI成功には欠かせない。

(2) ノウハウの蓄積

　PFI事業は，国民に対して低廉かつ良質な公共サービスが提供されることや，従来，国や地方公共団体などが行ってきた事業を民間事業者にゆだねることから，民間に対して新たな事業機会をもたらし，また，他の収益事業と組み合わせることによっても，新たな事業機会を生み出すこととなる。つまりPFI事業は，行政，民間，地域の垣根を越えて，柔軟な発想で企画し，幅広く活用していくことによって，地域発展にもつながることが期待された，公共事業の新しい形であるといえるだろう。

　今後はPFI方式の発注形態が増加するものと考えられており，地元自治体や各官公庁などを対象としたPFI事業の動向や可能性を探るとともに，ノウハウを取得していくことが重要であろう。

(3) 一般廃棄物最終処分場のにおける導入例

　地方の一般廃棄物最終処分場においても，PFIの導入例はすでに始まっている。北海道のある小さな地方都市においても，一般廃棄物最終処分場の整備および運営事業を共同で行うことが試みられている。行政負担の軽減を目的として一般廃

棄物広域処理推進協議会を設立し，PFI導入に向けて具体的な方策を練った事例がすでに2000(平成12)年に登場してきている。

これは現在使用しているごみ処理施設が，法改正によりダイオキシンの排出基準値が厳しくなったため，焼却施設の使用ができなくなり，全量埋立に切り換えたため，ごみ量の大幅増加に伴い処分場が狭隘になってきたことによる。処分場の建設が急務の事情を抱え，リサイクル事業で共同処理の実績がある町は，最終処分場も広域処理をすることとして検討を進めることになった。

その経過の中では，PFI事業(民間の資金，経営能力および技術的能力を活用して最終処分場の整備および管理運営事業をすること)の導入を，効率的かつ効果的に整備を図ることが期待できるものとして調査研究が行われた。その結果，PFI導入可能性調査(従来方式とPFI方式を一定の前提条件のもと総経費を算出し，現在価値化してどちらが有利かを比較検討する調査)を実施したところ，PFI方式の方が8.8％のVFM(差益)が見込めるとした調査結果が出たところから，PFI事業として実施することを決定した。

以降，実施方針の公表に続き，特定事業の選定・公表を経て入札への参加を表明した数グループから提出され，提案書を添えて企業グループが入札し，審査委員会による審査を経て選定報告を行い落札業者を決定している。

この事例におけるPFI事業はBOT方式であり，これはSPC(この事業のために起こした企業・特別目的会社)に最終処分場を2年間で設計・建設し15年間にわたる運営・維持管理後，2年間の管理期間を経て町が最終的に無償で譲渡を受けるタイプのものである。

また，PFI導入可能性調査(VFMテスト)の結果，従来方式が15億3 700万円，PFI方式が14億100万円の事業期間を通じた財政支出(現在価値換算)が見込まれる計算となった。入札は，ゼネコンを中心とした数グループより提案書を添えて行われ，その後，学識経験者と審査委員などににより審査された。事業予定者の選定は，「総合評価一般競争入札」で行われ，その結果，入札価格が最も低かっただけでなく，提案内容における審査の得点も最も高かったグループが総合評価値で1位となり，最優秀提案として選定された。入札予定価格(消費税別)が24億8 487万8 000円に対し落札金額は14億5 001万円であり，10億3 486万8 000(率にして41.6％)も安い価格となったということである。これにより，事務経費のうち人件費だけを考えても，1年に1 000万円を支払うとした場合，契約期間の

19年間で1億9000万円も経費削減を図ることが期待されている。

(4) ごみ事業においてもVFMが基本原則

VFMは，PFIの基本原則の一つで，一定の支払いに対し最も価値の高いサービスを提供するという考え方である。公共サービス提供期間中にわたる国および地方公共団体の財政支出(適切な割引率により現在価値化された総事業コスト)の軽減が図られ，あるいは，一定の事業コストのもとでも，経済・社会への変化に対応したより水準(質・量)の高い公共サービスの提供が可能となることがPFIでは必要である。ただし，これからの公共サービスは，より質が重視されるものと考えられるので，必ずしもコストの低い事業者のものがよいということではなく，サービスの内容で事業の選択が行われていかなければならない。PFI事業による公共サービスの提供は長期にわたるものであり，事業が開始された後の維持・管理またモニタリングといったものが本当の意味でVFMを図る大きな要素となり，重視しなければならないだろう。今後は，さらにごみ関連事業へのPFIの展開が予想される。

【その他ごみ関連PFIのプロジェクト例】
- 福岡市臨海工場余熱利用施設整備事業(福岡市)
- 神奈川県衛生研究所等施設整備事業(神奈川県)
- 大館周辺広域市町村圏組合・ごみ処理事業(大館周辺広域市町村圏組合)
- 当新田環境センター余熱利用施設の整備・運営事業(岡山市)
- 朝霞浄水場・三園浄水場常用発電設備等整備事業(東京都)
- 倉敷市・資源循環型廃棄物処理施設整備運営事業(岡山県倉敷市)
- 金町浄水場常用発電施設(東京都)

参考文献

1) 井熊均(日本総合研究所)：PFI公共投資の新手法，日刊工業新聞社，1997
2) 石黒正康，小野尚(野村総合研究所)：PFI日本導入で，何が，どう変わる，日刊工業新聞社，1998
3) (社)新構想研究会：PFIビジネス，日本能率協会マネージメントセンター，1999
4) 赤井伸郎，篠原哲：第5章公共投資の効率化—PFI成功の鍵：第三セクターからの教訓—，「地方経済の自立と公共投資に関する研究会」報告書，財務省財務総合政策研究所，2001.6
5) 長谷川専，上田孝行：PFI事業における公的支援について，地域学研究，No.30，日本地域学会，2000.12

8

今後のごみ問題の方向性

8.1　直線型からリサイクル型へ
8.2　選別技術など効果的な処理方法の確立
8.3　環境教育の必要性
8.4　ごみのエネルギー源としての活用
8.5　消費者側からの意識改革

ごみピットの中のクレーン(ごみ処理工場内)

8.1　直線型からリサイクル型へ

　企業の立場としては，自己責任，技術を考えていくことが必要とされる。これからの新しい環境問題を今後は皆で考えていくべきであろう。ごみは，一般廃棄物と産業廃棄物に分かれる。産業廃棄物の方は，広域の市町村県を組んで地方自治体が直接取り扱うが，一般廃棄物については事業者に作業委託をする場合が多くみられる。これからのものの流れとして，直線的なものの流れには大きな代償が伴うこととなるであろう。この直線的な流れを循環型にしていく発想が重要であると考えられる。現在日本の農業は産業の主幹ではないが，世界中の労働者の80％は農業に従事している。最後の章では，今後のごみをどうするかという観点から考えてみよう。

　植物は，太陽エネルギーを使って二酸化炭素と水から有機物をつくる。このときに窒素やリン酸，カリウムなどの養分の助けを借りる。これらの養分は，土の中から吸収されるため，穀物を一定量つくったら，後から補充する必要がある。こうした養分を補給する手段として登場してきたのが化学肥料である。養分を濃縮した化学肥料は，軽量，安価で，なおかつ運搬が容易なため，近代に至って大量に使用されることとなった。このような事態は，やがて肥料の過剰状態を産むこととなる。ごみ，下水汚物は，再生すべき土づくりの材料から処分すべき廃棄物へと役割が変化してしまった。こうした化学肥料の過剰使用は，有害化学物質の地下水への混入や家畜の糞尿が余る事態を引き起こしている。

8.2　選別技術など効果的な処理方法の確立

　ごみのさらなる資源化・再利用化を進めるため，ごみの分別収集がさらに進められていくことが重要だろう。特に容器包装リサイクル法の施行により，缶，びん，プラスチックボトルなどの容器類の分別収集が徹底化される。分別収集される粗大ごみ，不燃ごみ，資源ごみおよびプラスチック類などのごみは，効率良く，かつ省力化した機器・装置により資源化・再利用化する必要がある。例えば，袋収集されたごみは破袋機で破袋・除袋するが，これらの効率を向上すること，また，内容物中の鉄，アルミ，古紙およびプラスチック類などの有価物の選別・回収効率を上げるため機器・装置の性能を向上させることは，ごみの資源化・再利用化に重要な意味を持つ。容器包装リサイクル法により収集されるびん類はびん

自動色選別装置で，プラスチック容器はX線を透過し透過率の違いによりペットボトルとそれ以外のプラスチック容器にプラスチック選別機で選別するなど自動化することも検討されている。また，容器類に付着している不純物を洗浄機などで除去，さらには，容器類の運搬効率を上げるため粉砕・圧縮・梱包する機器・装置の性能を高め施設に組み込んでいくことが必要である。

また環境と経済の統合を図るため，あらゆる産業活動へ環境配慮の組込みをめざすと同時に，産業活動そのものを環境問題の解決に資するようなものへと変えていくなど，産業のごみ問題への積極的な取組みがこれからもますます必要となってくるだろう。

8.3 環境教育の必要性

今後必要なことは，環境に関する教育を年少の頃から国民に対して行っていくことだろう。小さなときから環境を大事にすることの必要性を身につけることで，資源の無駄遣いをしないように頭を使う習慣を多くの人々が修得することができるはずである。

地球環境問題の大きな原因は，環境への影響を無視した人間活動であり，先進国の豊かな市民生活も，大気汚染や水質汚濁，開発途上国の砂漠化など，多くの環境破壊を引き起こしながら維持されている。このため，問題の解決にはライフスタイルの変革，意識改革が不可欠で，そのための教育が環境教育とされる。学校教育，社会教育の場での積極的な取組みが増えている。

8.4 ごみのエネルギー源としての活用

ごみを減量化する際に，焼却するわけであるが，このときに発生する熱を有効活用して，エネルギー源として活用しようという考え方はかなり昔からあった。

■エネルギー活用を含めたリサイクルの推進

2000（平成12）年に制定された循環型社会形成推進基本法では，循環資源の利用および処分の基本原則として，排出抑制，再使用，再生利用，熱回収，処分の順で優先順位を設けている。この優先順位は，立法時に，サーマルリサイクルを行うと再び繰り返して利用することができない一方で，マテリアルリサイクルであれば繰り返した後でもサーマルリサイクルを行うことは可能であること，廃棄物焼却に対するダイオキシンなど有害物質の発生への懸念などを考慮したことに

ある。しかしながら，マテリアルリサイクルを常に優先することは，コストやエネルギーの過度の増加を招き，むしろサーマルリサイクルが最終的には化石燃料資源の採取量の減少と環境負荷の低減をもたらす場合も多い。このため，サーマルリサイクルをマテリアルリサイクルと同等に位置づけ，LCAなどの客観的な評価により，両者の合理的な選択が可能となるようにすべきである。この場合，サーマルリサイクルは，単純焼却ではなく高効率のエネルギーを生み出すことが前提となる。例えば，廃プラスチックなどの可燃ごみを燃料として分別し，高効率ごみ発電施設の燃料として利用し，生ごみや家畜糞尿などについてはメタンガスを発生させ高効率の発電を行うなどにより，大きな効果が上がるものと考えられる。その際，焼却が有害物質を発生させるとの懸念が依然として根強いことを踏まえ，安全性の確保を徹底するとともに情報開示などの措置を講じていくことが前提となる。

8.5 消費者側からの意識改革

消費者の意識の問題がある。またこの環境に関する意識も人により差がみられるのもまた事実である。トヨタのプリウスのような環境をイメージした商品なども登場しつつある。こうした市場メーカーの努力は，車を利用する側の意識を変える力があるはずである。

■市民参加のリサイクル施設

市民にリサイクルに関する知識・意識を向上させることを目的とし，リサイクル施設に家電品，自転車，家具などの不用品の補修・再生品の展示，保管などの設備およびごみのリサイクルに関する展示コーナ，モニュメント，研修室などの設置，さらにはインターネットなどでごみの分別，収集，処理およびリサイクルなどに関する情報を交換する設備を設ける。

■NGO・NPOを活用したごみ問題への取組み

Non Govrnmental Orgainzation および Non Profit Organization の略である。NPOは，ボランティアなどの非営利の組織である。公的ではない国際協力などの分野でボランタリーに活躍しているものを指す。ヨーロッパではNGOと呼ばれ，アメリカやカナダではPVA（Private Voluntary Agency）と呼ばれることがある。NGOの活動は民間，非営利が原則であり，資金や物資の援助をはじめとして人材派遣・研修員の受入れなどを行っている。

1997年にNPO法(市民活動促進法)が制定されたことによって市民の活動に対して法人格が与えられ，運営や資金調達，資産管理がスムーズにいくような制度的な枠組みがつくられ，こうした活動がますます活発になっていくことが予想される。特に環境問題については営利団体ではない自発的な市民の活動の影響は大きく，今後その活動が期待される。

このNPOやNGOの活動が注目を浴びたのは，1995(平成7)年の阪神淡路大震災の際の福祉や災害救助に対する民間や市民のボランティア団体が充実した活動を行い，社会的にも重要視されたことも遠因となっている。

地球環境問題についてみた場合，企業などにおいて行われるフィランソロピーと呼ばれる奉仕活動やメセナなどの社会貢献プログラムには限界があることなどから，今後NPOやNGOなどの企業理論からフリーの立場となった市民の組織的活動が重要となってくる。

小さなNGOもたくさんあるが，近年は大規模のNGOも増えてきており，国際的な環境問題にかなり大きな影響力を与える組織も出てきている。

■ごみ焼却場・埋立処分量を減らしていくことをめざす

ごみのリサイクル技術は，地球環境の保全のためにも，ごみの資源化・再利用化を今後さらに進め，ごみの焼却・埋立処分量を限りなく減らす必要がある。このためにも，引き続きリサイクル技術の研究・開発を行うことが欠かせない。また，施設の作業環境・二次公害に対して，さらにより良くするための技術の向上も必要と考えられる。

参考文献

1) 日本開発銀行国土政策チーム：変わる日本の国土構造，ぎょうせい，1996.
2) 加藤治彦：平成14年度図説日本の財政，東洋経済新報社，2002
3) 土木学会海外活動委員会：社会基盤の整備システム―日本の経験―，経済調査会，1995
4) 通商産業省大臣官房政策評価広報課資料：政策評価の現状と課題，1998.9

索　引

【あ】
RDF　*120, 122*
RPF　*120*
ISOシリーズ　*90, 142*
アカウンタビリティ　*57, 160*
アジェンダ21　*136, 138*
足尾銅山鉱毒事件　*105*
圧縮機　*46*
アルミ缶　*36*
アルミ選別機　*45, 46*

【い，う】
イタイイタイ病　*105*
一般廃棄物　*17, 21, 53*
移動登録制度　*148*
インフラストラクチャー　*42, 163*
埋立処分　*26*

【え】
APEC諸国　*102*
エコツーリズム　*121*
エコビジネス　*84*
エコプロダクツ　*89*
エコマーク　*88, 151*
エコマテリアル　*95*
SPC　*181*
エタノール　*120*
NGO　*139, 188*
NPO　*188*
エネルギー回収　*133*
Fプラン　*164*
LCA　*97*

エントロピーの法則　*79*

【お】
おがくず　*121*
汚染課徴金　*76*
汚染者負担の原則　*144*
汚泥　*21, 27*
汚物掃除法　*9*
温室効果　*137*
温室効果ガス　*137*

【か】
会所地　*7*
回転式破砕機　*46*
開発と環境に関するリオ宣言　*138*
開発途上国　*10, 102*
外部性　*71, 72*
外部不経済　*69*
海洋貯留技術　*112*
価格均衡点　*73*
化学肥料　*106*
拡大生産者責任　*150, 151, 165*
ガス化溶融炉　*124*
化石燃料　*128*
風の道　*165*
型枠　*104*
活性汚泥　*50*
家庭系廃棄物　*21*
家電リサイクル法　*143, 149, 151*
可燃ごみ　*43*
可燃性粗大ごみ　*34*
カレット　*36*

191

索　引

管渠　50
環境影響評価法　144, 147
環境汚染物質排出・移動登録制度　59
環境学　136
環境関連製品　96
環境基本計画　89, 141
環境基本法　143, 147
環境教育　187
環境税　79, 93
環境創造型産業　87
環境破壊　3, 4
環境ビジネス　84, 89
環境保護マーク　98
環境ホルモン　149
環境リスク　58
環境倫理学　136
幹線管渠　50
完全競争市場　73
Can to Can　36
管理型最終処分場　53
管理型産業廃棄物　23

【き】

機会費用　74
企業責任　145
気候変動枠組み条約　138, 139
希釈　49
規制緩和　81
牛乳パック　35
供給曲線　71
狂牛病　154
京都会議　69, 139

【く】

クリーンエネルギー　128
グリーン購入法　93, 151
グリーンコンシューマー　94
グリーン調達　94
クリティカルレビュー　97

【け】

経済財政諮問会議　90, 94
下水処理場　49
ケナフ　95
ケミカルリサイクル　33
限界外部費用　74
限界費用　72, 77
限界利益　78
建設廃棄物　104
建設廃材　116
建設リサイクル法　117
減量化　61

【こ】

5R　15
広域移動　30, 63
光化学オキシダント　82
公共財　72
公共投資　163
高速堆肥化施設　26
高レベル放射性廃棄物　144
港湾区域　54
コージェネレーション　95, 105
国際標準化機構　90
国際貿易機関　142
国連環境計画　144
国連大学　141
国連人間環境会議　138
固形燃料　34
固形燃料ごみ　16
古紙　34
古繊維　36
骨材　117
コプラナーPCB　156
ごみ　21
ごみ減量処理率　26
ごみ固形燃料　122
ごみ固形燃料発電　123
ごみ焼却処理施設　42

索　引

ごみ処理費用　24
ごみ箱　20
ごみ発電　122
ごみビジネス　68, 80
ごみピット　43
ごみ有料化　91
コミュニティプラント　51
コンポスト化　108

【さ】

サーマルリサイクル　33
財　71
再資源化　34
最終処分　30
最終処分場　53
最終処分地　44, 170
再生資源利用促進法　143
3R　15
産業廃棄物　6, 17, 21, 53, 107
酸性雨　70, 152

【し】

事業系一般廃棄物　21
資源化　34
資源回収　133
資源化施設　26
資源ごみ　34
市場取引　72
市場の失敗　72
市場メカニズム　70
自然浄化力　6
持続可能な開発　136, 161
私的限界費用　74
し尿処理　5, 47
し尿処理施設　42
シミュレーション・モデル　71
社会システム　42
社会資本　162
社会的限界費用　74

社会的厚生　78
社会的総費用　78
社会的総利益　78
終末処理場　50
需給モデル　71
手選別装置　46
需要曲線　71
シュレッダー　111
循環型社会　59
循環型社会形成推進基本法　59
循環機能　3
純限界利益　75
浄化槽汚泥　47, 48
焼却灰　115
焼却炉　43
使用済み核燃料　144
静脈機能　16
静脈産業　68
静脈物流システム　168
食品リサイクル法　110
磁力選別機　45, 46
塵芥　17
塵芥掃除請負制度　17
新海面処分場　55
シンク　70
森林原則声明　138

【す】

スーパーごみ発電　122, 125
スカベンジャー　11
スチール缶　36
ストック効果　162
スモーキーマウンテン　10
スラム　11, 12

【せ】

政府開発援助　139
生分解性プラスチック　95, 108
世界保健機関　157

193

索　引

ゼロ・エミッション　*8, 141, 168*
遷都　*4*

【そ】

造粒・濃縮設備　*49*
粗大ごみ　*21, 45*
粗大ごみ処理施設　*26, 42, 130*
粗大ごみ破砕機　*111*
粗大ごみプラットホーム　*45*

【た】

第1種指定製品　*146*
ダイオキシン　*57, 155*
ダイオキシン類対策特別措置法　*58, 155*
大気汚染　*57*
大気汚染防止法　*143*
大気清浄法　*82*
第三者認証　*99*
第3セクター方式　*176*
第2種指定製品　*146*
堆肥化　*109*
太陽光発電パネル　*126*
ダウンサイジング　*89*
脱水ケーキ　*49*
脱硫装置　*88*
WHO　*157*
食べ残し　*109*
炭素税　*79, 93*
段ボール　*34*

【ち】

地下水汚染　*153*
地球温暖化　*137*
地球温暖化対策の推進に関する法律　*94, 147*
地球温暖化防止京都会議　*70*
地球サミット　*136*
窒素酸化化合物　*57*
窒素酸化物　*70*
中央防波堤埋立処分場　*54*

中間処理　*26*
塵芥改役(ちりあくたあらためやく)　*7*

【て】

DSD　*166*
ディレギュレーション　*81*
デポジット制　*92*

【と】

特定化学物質管理促進法　*148*
特別管理一般廃棄物　*21*
特別管理産業廃棄物　*21, 23*
土壌汚染　*153*
トリクロロエチレン　*154*

【な】

菜種油　*122*
ナノテクノロジー　*126, 160*
ナノバイオロジー　*127*
ナホトカ号重油流出事故　*110*

【に】

二酸化硫黄　*70*
二酸化炭素　*57, 69*
二酸化炭素固定技術　*112*

【ね，の】

熱帯雨林　*139*
燃料電池　*103, 121, 129*
農薬　*106*

【は】

バーゼル条約　*144*
パーム油　*122*
バイオマス　*120*
バイオレメデーション　*110*
廃家電製品　*118*
廃棄物処理法　*17, 143, 145*
排出権取引　*70*

索　引

排出権売買制度　70
排出事業者　62
廃食用油　121
灰ピット　44
パイプライン　129
廃プラスチック　131
バクテリア　50
バグフィルター　44, 46
破砕物用選別機　46
パッカー車　43
発泡スチロール　119
パヤタス　11
パラダイム　160
半透明ごみ袋　18

【ひ】
BSE　154
PFI　176
PL法対策　143
BOO　176
BOT　176, 181
BDF　121
BTO　176
ヒートポンプ　95
Bプラン　164
ビールびん　35
ビオトープ　164
費用逓減　72

【ふ】
ファーストフード　109
ファミリーレストラン　109
VFM　177
藤原京　5
不燃ごみ　34
不燃性粗大ごみ　34
不法投棄　60, 170
プラスチック　37
プラスチック減容機　45

プラスチック類　34
プラットホーム　43
フレーク状　118
フロー効果　162
プロジェクトファイナンス　177, 180
プロジェクトマネジメント　160
糞尿　21
分別収集　14, 16

【へ】
平城京　5
ベストミックス　128
ペットボトル　36, 38
ペレット状　118

【ほ】
放射性物質　21
ポリエチレン　19
ポリエチレンテレフタレート　38, 104
ポリ塩化ジベンゾダイオキシン類　57
ポリスチレン　119

【ま，み】
マスキー法　82
マテリアルリサイクル　33, 118
マニフェスト　23
水環境の保全　153
ミティゲーション　161
水俣病　105

【め，も】
メタン　57
メタン発酵　120
燃えがら　21
モニタリング　182
モラルハザード　172

【よ】
容器包装リサイクル法　16, 35, 107, 143, 148

195

索　引

ヨハネスブルグ・サミット　*140*
4 R　*15*

【ら】

ライフサイクルアセスメント　*97*, *118*
ライフサイクルインベントリ　*97*

【り】

Recycle(リサイクル)　*15*
リサイクル社会　*60*
リサイクルセンター　*42*, *51*, *52*
リサイクルビジネス　*115*
リサイクルプラザ　*42*
リサイクル法　*145*
リサイクル率　*26*
リスク・アセスメント　*59*
リスク・コミュニケーション　*59*
リスク・マネジメント　*59*
リターナブルびん　*35*, *113*
リチウムジルコネート　*113*
Reduce(リデュース)　*15*
リデュースビジネス　*107*
Renewal(リニューアル)　*15*
リニューアルビジネス　*119*
Refuse(リフューズ)　*15*
リモネン　*119*
Reuse(リユース)　*15*, *33*
リユースビジネス　*113*

【ろ】

ロンドン条約　*144*

【わ】

ワンウェイびん　*35*, *114*

著者紹介

川口　和英　(かわぐち　かずひで)

1984年	早稲田大学理工学部卒業
1986年	早稲田大学大学院理工学研究科建設工学専攻修了
1986～97年	三菱総合研究所　研究員
1997年～	鎌倉女子大学　助教授
	工学博士
	技術士(建設部門：都市及び地方計画)
	APECエンジニア

専門分野：都市開発・地域計画・建築計画・住居学・地球環境問題・社会資本論　他

　民間シンクタンクで地域開発や都市計画のコンサルティングに関わり、多くのプロジェクトや調査・研究を実施。鎌倉市街づくり審議会委員、沖縄県国際学術研究交流拠点整備調査委員会委員などを歴任。現在は鎌倉女子大学にて住居環境学や住居設計などの授業を担当。

共　　著：世界と日本のリゾートのすべて
　　　　　都市開発のビジネスチャンス
　　　　　身近な日常生活のやさしい環境保全集
　　　　　危険な室内空気
著　　書：建設業の事業・職種別有望資格
　　　　　環境スペシャリストをめざす
　　　　　新しい技術士の資格取得ガイド　　以上、東京教育情報センター

E-mail：kazuhide.k@bekkoame.ne.jp

ごみから考えよう都市環境　　　　定価はカバーに表示してあります。

2003年10月25日　1版1刷発行　　　ISBN 4-7655-3193-7 C3050

　　　　　　　　　　　著　者　　川　口　和　英
　　　　　　　　　　　発行者　　長　　祥　　隆
　　　　　　　　　　　発行所　　技報堂出版株式会社

　　　　　　　　　〒102-0075　東京都千代田区三番町8-7
　　　　　　　　　　　　　　　　　　　(第25興和ビル)
　　　　　　　　　　　電　話　営　業　(03)(5215)3165
　　　　　　　　　　　　　　　編　集　(03)(5215)3161
日本書籍出版協会会員　　F A X　　　　(03)(5215)3233
自然科学書協会会員　　　振　替　口　座　00140-4-10
工学書協会会員　　　　　http://www.gihodoshuppan.co.jp
土木・建築書協会会員

Printed in Japan

© Kazuhide Kawaguchi, 2003　　　装幀　芳賀正晴　印刷・製本　シナノ

落丁・乱丁はお取り替え致します。

本書の無断複写は、著作権法上での例外を除き、禁じられています。

● 小社刊行図書のご案内 ●

環境科学 — 人間環境の創造のために	天野博正著	A5・296頁
環境保全工学	浮田正夫ほか編著	A5・236頁
環境計画 — 21世紀への環境づくりのコンセプト	和田安彦著	A5・228頁
健康と環境の工学	北海道大学衛生工学科編	A5・272頁
水環境の基礎科学	E.A.Laws著／神田穣太ほか訳	A5・722頁
リサイクル・適正処分のための廃棄物工学の基礎知識	田中信壽編著	A5・228頁
コンポスト化技術 — 廃棄物有効利用のテクノロジー	藤田賢二著	A5・208頁
環境安全な廃棄物埋立処分場の建設と管理	田中信壽著	A5・250頁
環境にやさしいライフスタイル — 生活者のための社会をつくる	和田安彦ほか著	B6・190頁
環境問題って何だ？	村岡治著	B5・264頁
ラン藻で環境がかわる — 劇的！農薬・ダイオキシン分解も	酒井弥著	B6・150頁
地球をまもる小さな生き物たち — 環境微生物とバイオレメディエーション	児玉徹ほか編	B6・248頁

● はなしシリーズ

21世紀型環境学入門 — 地球規模の循環型社会をめざす	本多淳裕著	B6・214頁
暮らしのセレンディピティ — 環境にやさしい裏わざ	酒井弥著	B6・154頁
環境バイオ学入門 — もし微生物がいなかったら……	本多淳裕著	B6・166頁
トイレ考・屎尿考	日本下水文化研究会屎尿研究分科会編	B6・246頁

技報堂出版　TEL 編集03(5215)3161 営業03(5215)3165　FAX 03(5215)3233